高等学校经济管理类专业系列教材

U0169855

运筹学基础

宋志华　周中良　主编

西安电子科技大学出版社

内 容 简 介

本书共 9 章，内容包括运筹学概述、朴素优化范式、线性规划、网络最优化、动态规划、网络计划、排队系统分析、库存优化、旅行商问题等。在内容选择方面，本书遵循"重打基础、直抵核心、精心留白"的原则，突出内容的基础性、理论的简洁性、案例建模计算的完整性，以激发读者的学习兴趣，使其快速入门。

本书适合有一定线性代数、概率论基础的初学者使用，也可供各类数学建模竞赛、计算机算法设计竞赛的人员参考。

图书在版编目(CIP)数据

运筹学基础/宋志华，周中良主编. —西安：西安电子科技大学出版社，2020.10
ISBN 978 − 7 − 5606 − 5891 − 9

Ⅰ. ①运… Ⅱ. ①宋… ②周… Ⅲ. ①运筹学 Ⅳ. ①O22

中国版本图书馆 CIP 数据核字(2020)第 181219 号

策划编辑	戚文艳
责任编辑	王楷歌 阎 彬
出版发行	西安电子科技大学出版社(西安市太白南路 2 号)
电 话	(029)88242885 88201467 邮 编 710071
网 址	www.xduph.com 电子邮箱 xdupfxb001@163.com
经 销	新华书店
印刷单位	陕西精工印务有限公司
版 次	2020 年 10 月第 1 版 2020 年 10 月第 1 次印刷
开 本	787 毫米×1092 毫米 1/16 印张 12.5
字 数	289 千字
印 数	1～2000 册
定 价	31.00 元

ISBN 978 − 7 − 5606 − 5891 − 9/O

XDUP 6193001 − 1

* * * 如有印装问题可调换 * * *

《运筹学基础》编写组成员

主编　宋志华　　周中良

参编　杨建军　魏　靓　陈士涛　许建虹

　　　　　李宗哲　赵保军　张　晗　盛　晟

　　　　　周　宇　方甲永　刘　铭　古清月

　　　　　高杨军　傅超琦　宋晓博　何　苹

前　言

运筹学应用高级分析技术优化决策，而能够优化决策的高级分析技术有很多，因此运筹学的分支很庞大，应用领域也很广泛。最初运筹学应用于军事领域，后来扩展到工业、商业、政府等民用领域。

运筹学紧密结合数学、计算机、经济学、管理学等各领域的知识解决优化问题。虽然运筹学的基础理论在起源后的几十年已经基本成熟，但是由于计算机、经济学、管理学以及应用领域的不断发展变化，运筹学面临的新问题以及优化决策的基本范式也在不断发展。本书将运筹学的优化范式总结梳理为朴素优化范式、机械优化范式、仿真优化范式、智能优化范式、数据驱动优化范式等，便于读者在入门阶段对运筹学有一个宏观的认识。

运筹学是一门学科，也是一个专业，还是一门课程。作为入门课程，给学生开好头，激发其学习兴趣，保持对未来实践有益的方向和理念，是运筹学课程的重要任务。像学习钢琴一样，一般有一定乐理知识的人都能够在短期内上手弹奏简单的曲目，但是更高级别的演奏，需要付出更加持续的努力和进行系统的练习。在开始的时候，保持持续学习的动力和兴趣，是走得更远的重要因素。

本书是编者在多年运筹学学习、研究和教学的基础上编写而成的，力求将运筹学的基础理论学习与计算机求解、系统化的解决方案训练等统筹结合，将运筹学面向实践和应用的特色突显出来。在内容选择方面，本书遵循"重打基础、直抵核心、精心留白"的原则，突出内容的基础性、理论的简洁性、案例建模计算的完整性，以激发读者的学习兴趣，使其快速入门。首先，如果在有限的时间内，学习的都是关于运筹学的数学理论和技术，则很容易让人认为运筹学是数学工具的集合，从而丧失学习兴趣。运筹学不是单纯的数学工具的集合，因此，在内容的设计上，本书力求与计算机算法的设计和求解紧密结合，用理论解决"为什么"的问题，用算法解决"怎么做"的问题，用代码抛砖引玉解决实际中"动手难"的问题。其次，运筹学需要给出解决问题的系统方案。因此，在典型案例或者应用中，力争开放、发散，有时即使是一道简单的习题，也会展开发散性的思考讨论，这看似小题大做，实则对培养学生的系统意识会有意想不到的好处。最后，凡非必要，尽量减少了非应用领域的概念，而重在分析问题、解决问题的方法思路和解决手段上。

本书由宋志华和周中良主编。本书编写组的杨建军、魏靓、陈士涛、许建虹、李宗哲、赵保军、张晗、盛晟、周宇、方甲永、刘铭、古清月、高杨军、傅超琦、宋晓博、何苹等在素材收集、算法设计、案例编写、书稿校对等方面做了许多工作，对本书的出版有着非常重要的贡献，张多林、杨建军等对本书提出了许多宝贵的意见，在此表示衷心的感谢。

由于编者水平有限，书中不足之处在所难免，敬请广大读者批评指正。

编　者

2020 年 8 月

目　　录

第 1 章　运筹学概述

1.1　运筹学的起源

运筹学起源于军事问题的研究。第二次世界大战初期，英国人为了将最新的雷达技术整合进英国空军战术，开始了相关研究，并称之为 Operational Research。最初，Operational Research 的主要工作就是收集经验数据并进行基础的统计分析，也有一些工作应用了较为复杂的数学方法，如搜索理论。1941 年，Operational Research 这个词被泛指所有为了辅助军官筹划作战策略和作战行动而进行的研究，目标是通过量化分析技术最有效地利用有限的军事资源。第二次世界大战之后，Operational Research 变成一种专业，并且更加关注和聚焦于复杂的数学方法。

早在 1936 年，英国空军在东海岸（位于 Felixstowe，Suffolk 附近）建立了 Bawdsey 研究站，在这里对空军和陆军的雷达开展实验活动。当时实验雷达的可靠性已经较高，且对飞机的探测距离也达到了 100 英里（1 英里＝1.609 344 千米）。同年，英国空军战斗机司令部成立，并负责英国的防空，但是此时它并没有战斗机可指挥，并且它的预警和控制系统也没有雷达数据可用。英国人意识到，在雷达引导和控制战斗机的未来应用中，将会有一系列的问题需要解决。1936 年末，他们开展了一些雷达数据应用的实验，以期将雷达的数据供截击机使用，从而拉开了运筹学研究的序幕。

1937 年，Bawdsey 研究站的第一部实验雷达部署完毕。在第一次实验中，他们将实验雷达获取的信息输出到防空预警与控制系统并获得成功，但是跟踪信息在经过过滤和传输之后，效果仍然不太理想。

1938 年，Bawdsey 研究站又增加部署了四部雷达，并进行了第二次实验。第二次实验中，雷达数量的提升本应该同步提升飞机定位和控制系统的覆盖率和效果，结果却是否定的。他们发现，在多雷达跟踪模式中，需要迫切解决的问题是不同雷达探测信息之间的协调和相关的问题。因为这些信息有时是不一致的，甚至是冲突的。Bawdsey 研究站的主管意识到，虽然实验再次证实了雷达系统探测飞机的技术适用性，但是雷达系统的作战表现远远不能满足需求。此时，战争迫在眉睫。因此，他立即命令开始一项针对作战的应急研究项目，且当天就在雷达研究成员中选调人员组建了团队。这种专门针对装备作战进行研究的应用科学新分支被描述为 Operational Research，与针对装备技术的研究相区别。

1939 年，Bawdsey 研究站进行了第三次实验，有 33 000 人、1300 架飞机、110 套高射机枪、700 套探照灯和 100 个阻塞气球参与了实验过程。第三次实验的结果表明，作战应用研究团队的有效工作使防空预警和控制系统在作战效能方面有巨大提升。这引起了当时英国空军司令的关注，并将研究团队划归位于伦敦北部 Stanmore 的英国空军战斗机司令部

1

直属，命名为"Stanmore 研究站"。1941 年，"Stanmore 研究站"正式被命名为"Operational Research Section"，并在其他空军司令部也广泛建立了"Operational Research Section"。

1940 年 5 月 14 日，德国军队在法国快速推进，法国此时的兵力消耗速度为每两天三个中队。法国请求英国再增加 10 个中队力量的支援（每个中队 12 架飞机，总共 120 架飞机），而英国首相很可能因为联盟关系而向法国增援。Dowding 被邀参加第二天的战时内阁会议，讨论是否派遣力量增援法国的事宜。在威廉姆斯的建议下，Stanmore 研究站开展了一项应急研究，他们基于日均兵力损耗率和更新率数据绘制了一张图，以此展示答应请求后兵力损耗的严峻形势。在第二天的战时内阁会议上，Dowding 对丘吉尔说："如果按照目前的损耗率计算，再过两个星期，我们在法国的飓风式战斗机将会耗尽。"同时，Dowding 将事先准备好的兵力损耗图呈给丘吉尔。最终，丘吉尔拒绝了法国的请求并召回了所有在法国的英国战斗机。后来英国人认为这是 Stanmore 研究站在战争期间做过的最大贡献，因为保存的空军实力为日后的英国防空作战的胜利奠定了基础。在这里，运筹学的真正价值不在于为总指挥提供了他本来就该了解的事实，而在于通过图的方式告诉他错误决策可能带来的灾难。

1941 年，Operational Research Section（ORS）在英国海岸司令部成立，并进行了许多著名的运筹学工作。当时海岸司令部的主要工作是利用飞机发现并攻击德国的 U 型潜艇（当时 U 型潜艇经常浮出水面，因为只有浮出水面才能给电池充电、排出潜艇上的烟、给气罐充气，并且在水面上 U 型潜艇航行得更快，也可以降低被声呐发现的概率）。

从 1942 年开始，Blackett 带领的运筹学团队为海军海岸司令部作战研究处提供了许多有益的分析。在研究深水炸弹的触发深度问题时，Blackett 团队的研究指出，如果将空投深水炸弹的触发深度从 100 英尺改为 25 英尺，那么杀伤率就会上升。实际中，改变了深水炸弹的触发深度之后，潜艇击沉率从 1‰上升至 7‰。可见，装备运用上一个小而简单的改变能获得巨大的作战收益。在研究英国护航系统舰队配置规模的问题时，他们发现：护航舰队的航行速度取决于舰队中最慢的那艘舰船，选择小的护航舰队可以增加舰队的机动能力，并且小的护航舰队隐蔽性好，可以降低被德国 U 型潜艇发现的概率；不过，大的护航舰队可以有更强的火力。Blackett 指出，少量的大型护航舰队比多个小型护航舰队更有防御能力，护航舰队遭受损失的程度和概率取决于舰队中护卫舰的数量，而不是护卫舰的大小。在研究轰炸机涂色的问题时，他们发现当时的轰炸机都被涂成了黑色，因为当时的人们认为黑色在夜间隐蔽性更好。但是通过测试，他们发现了与直觉并不相同的结论：将轰炸机涂成白色比涂成黑色会更难被发现，因为涂成白色后被发现的距离比涂成黑色的缩短了 20%。Blackett 的工作是从领导英国陆军防空司令部的一个"研究小组"开始的，后来他在皇家空军海岸司令部和海军部成立了一些团体，在战争期间，他被认为是军事研究方面的权威。战争结束后，他虽然对这个主题的研究兴趣减弱了，但仍然继续谈论和写作他的战时工作。

运筹学在它起源于英国的几年后就传到了美国。1942 年，美国空军开始加速建立军事运筹组织，每个空军部队都有专门的分析员对作战计划提出建议，并评估作战计划和随后的成本。在第二次世界大战期间，美国空军总共有 245 名军事运筹分析员，分布在 26 个运筹分析组，其中 16 个航空队各有 1 人，另外几人在美国空军海外司令部以及本土的培训机构。美国第 8 航空军运筹分析组的数学家约登在 1942 年和 1943 年改进轰炸效能方面发挥了重要作用。1944 年，在第 20 战机联队，他为太平洋战区 B-29 轰炸机作战运用的成功作出了贡献。战争部还在美国空军的统计控制办公室战斗分析组开发运筹分析应用程序。数学家丹茨格开发了一个报告系统，使战斗部队能够记录飞机出动次数、失踪和损坏的飞机、投放的炸弹以及受到攻击的目标。丹茨格还提出了用于规划相关活动的概念，这些概念后来帮助他将资源决策抽象为线性规划模型。后来丹茨格到五角大楼担任最优规划科学计算项目的首席数学家，带领团队负责提出和解决各种空军规划问题。丹茨格开发了解决线性规划问题的单纯形法，被认为是 20 世纪的十大算法之一。

第二次世界大战刚结束时，许多科学家认识到他们用于解决军事问题的原则同样适用于民用部门，于是运筹学在民用领域迅速发展起来，同时运筹学在军事领域的发展也在持续。1945 年，美国空军总司令阿诺德等人推动创建了兰德项目，将私营部门的技术、学术研究和政府之间的协作制度化。1946 年兰德项目发布了第一份报告《实验性环绕地球太空飞船的初步设计》，为空军太空作战奠定了基础。1948 年，兰德项目改组成立了兰德公司。兰德公司在运筹学和系统分析学科的建立中发挥了核心作用，其采用的博弈论、蒙特卡洛技术、动态规划、智能算法等概念方法不仅奠定了运筹学的基础，也为其更广泛地应用于决策分析提供了有利条件。目前，兰德公司已经发展为美国最重要的以军事为主的综合性战略研究机构。

直至今天，美国空军的军事运筹组织还存在并发挥作用。20 世纪 50 年代中期，空军司令部运筹分析办公室有 25 名分析员，分为 5 个小组。1 组研究核武器的影响；2 组研究弹道导弹和巡航导弹的影响；3 组处理从测试和演习中获取的有关作战行动的信息；4 组整合前三个组的输入并用于协助空军参谋部规划人员；5 组与现有的运筹分析办公室保持联络，并为那些希望建立新的运筹分析办公室的指挥官提供帮助。后来空军运筹分析组织的研究重心随着现实需求的变动而不断调整。20 世纪 60 年代，在兵力结构分析和越南战争中，运筹学分析人员发挥了很大作用。20 世纪七八十年代，军事运筹学的应用领域扩展到了国防规划预算、作战运用、作战需求提出、装备论证等，空军的军事运筹分析人员一直保持1000 人以上的规模，并且在空军理工学院开始了专业化学位教育。20 世纪 90 年代以后，运筹学的重点转向了建模仿真与分析，并在空军司令部设立了建模、仿真和分析委员会，在海湾战争、阿富汗战争等多个局部战争中发挥了重要作用。华纳罗宾斯航空中心采用关键路线法项目管理技术，将 C-5 运输机维修和检修时间缩短了 33%，相当于增加 5 架 C-5 运输机。空军分析人员开发了一项新技术，使用 50 个回归方程来标准化飞机类型、任务类型、出动时间和货物重量的燃油效率指标，证明了使用空军 C-17 和 C-5 运输机运输燃料较地面运输的经济可行性。在阿富汗战争中，使用运输机运送燃料，大大减少了地面运输车队的使用数量，节省了开支。

1.2　运筹学的定义

1951 年，莫尔斯和金博尔出版的《运筹学方法》一书中将运筹学定义为：运筹学是在实行管理的领域，运用数学方法，对需要进行管理的问题统筹规划，做出决策的一门应用科学。

美国运筹学会给出的定义为：运筹学关注的是，在需要考虑稀缺资源分配的条件下，研究最优设计的决策问题，研究人-机系统的运用问题。

英国运筹学会给出的定义为：运筹学应用科学的方法解决工业、商业、政府和国防等领域大系统的指导与管理方面的问题，指导和管理的对象包括人员、机器、材料、资金等。

在顾基昌等人提出的物理-事理-人理方法论（简称 WSR 方法论）中，运筹学被归属为研究事理的科学。在 WSR 方法论中，"物理"指涉及物质运动的机理，既包括狭义的物理，也包括化学、生物、地理、天文等，通常要用自然科学知识回答"物"是什么。"事理"指做事的道理，主要解决如何去安排所有的设备、材料、人员等，通常要回答"怎样去做"的问题，也就是需要决策。"人理"指做人的道理，通常要用人文和社会科学的知识回答"应当怎样做"的问题。人理的作用可以反映在世界观、文化、信仰、宗教和情感等方面，特别表现在人们处理一些"事"和"物"中的利益观和价值观上。

与军事相关的运筹学称作军事运筹学。张最良给出的军事运筹学的定义是：应用数学和计算机等科学技术方法研究各类军事活动，为决策优化提供理论和方法的一门军事学科。OODA 环模型是描述军事活动的常用模型，它将交战双方的交战过程描述为由观察、判断、决策、行动四个基本活动构成的环，如图 1-1 所示。这相当于人类行动过程的一个概括。一般我们会通过眼睛、耳朵、鼻子等感知器官"观察"环境，将信息汇总到大脑，进行判断和决策，最终形成具体行动的决策方案，并付诸实施，这里的行动不但包括手足等的动作，也包括对观察对象的调整与聚焦。军事运筹学的研究目的在于优化军事主体的判断和决策。

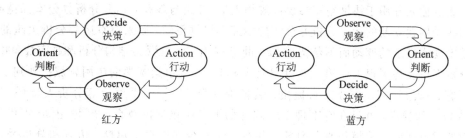

图 1-1 OODA 环模型

维基百科上给出了运筹学最为简洁的定义：运筹学（Operations Research，OR）研究怎样使用高级的分析技术做更好的决策。所谓的"高级分析技术"是一个相对的概念，是相对问题本身来讲的，取决于是否更适合实际问题以及能否做出更好的决策，并不是复杂程度的代名词。因此，分析技术本身没有普适性，一切要视实际问题而定。

1.3　运筹学的模型

1.3.1　线性规划模型

数学规划模型包含决策变量、目标函数、约束条件等三类必要元素。决策变量是决策要素的变量化定义；利用决策变量表达问题目标的函数就是目标函数；利用决策变量表达问题约束的等式或者不等式就是约束条件。如果数学规划的目标函数和决策变量均为线性的，则进一步称之为线性规划模型，否则称之为非线性规划模型。

1947 年，丹茨格提出了求解线性规划问题的单纯形法。单纯形法通过在线性规划可行域凸集的顶点中搜索迭代来找到最优解。线性规划问题的提出及单纯形法的诞生标志着数学规划时代的到来，因为建立模型的简便性和求解算法的自动化，线性规划逐渐成为众多运筹学问题首先可考虑和基本的解决方案。同年，冯·诺依曼发现每一个线性规划问题（称为原始问题）都有一个与它对应的对偶线性规划问题（称为对偶问题）。1951 年丹茨格引用对偶理论求解运输问题，提出了确定检验数的位势法原理。1954 年莱姆基提出了对偶单纯形法，它成为灵敏度分析的重要工具。1984 年，卡马卡（Karmarkar）提出了求解线性规划或非线性凸优化问题的内点法，它通过遍历内部可行区域搜索迭代来找到最优解。目前，在线性规划求解的实际应用方面，单纯形法和内点法在商业化的软件程序中已经获得了较为广泛的使用。

1.3.2 网络模型

网络模型包含点和边两类必要元素。点代表问题中的对象，边代表问题中对象之间的关系。以网络模型为基础，可以研究很多网路优化问题，如最小支撑树问题、最短路问题、最大流问题、最小费用流问题等。1956 年福特和福克逊提出了网络最大流问题的标号法，建立了网络流理论。1959 年狄克斯特拉（Dijkstra）提出了最短路问题的 Dijkstra 算法，使最短路问题得到了虽然不是最终但比较完美的解决。1962 年美国数学家盖尔和沙普利发明了一种寻找稳定婚姻问题解的策略，人们称之为 Gale-Shapley 算法。1993 年，拉温德拉等人出版了《网络流：理论、算法与应用》一书，该书系统地梳理并总结了网络流的理论、算法和应用，使网络流优化理论趋于成熟和完善。

1.3.3 动态规划模型

动态规划是一种算法设计技术，也是一种解决优化问题的模型及算法构造方法。它以递归的方式将一个复杂的问题分解成一系列简单的子问题，并通过子问题序列化的求解得到问题的最优方案。动态规划模型包含状态、状态转移等两类基本要素，可以看作是一种具有阶段性的特殊的网络模型。

1950 年贝尔曼（Bellman）在兰德公司研究多阶段决策问题时，以最优性原理和基本方程的形式提出了动态规划建模及求解技术。Bellman 的贡献是以方程的名义被记住的，这是动态规划的核心结果，它以递归的形式强调了优化问题。

1.3.4 生灭过程模型

排队论研究排队现象中的数量关系规律，目标是最小化等待的损失同时尽量减少服务成本的上升。排队论的基本思想始于 1909 年，埃尔朗在解决自动电话设计问题时，建立了电话统计平衡模型，并由此得到一组递推状态方程，从而导出了著名的埃尔朗电话损失率公式。20 世纪 50 年代初，美国数学家研究的生灭过程，英国肯德尔提出的嵌入马尔可夫链理论等都为排队论奠定了理论基础。

生灭过程模型的基本要素包括状态和状态转移，状态代表排队系统中的顾客的数量，状态转移代表排队系统中顾客数量的变化，也就是系统状态的变化。生灭过程模型以计算系统处于各个状态的概率为中介，结合排队系统的 Little 公式，可以得到排队系统的平均队长、期望等待时间等各项参数，进而为排队系统的优化提供支持。

1.3.5 神经网络模型

神经网络模型是一种基于网络模型的计算模型，计算的数据从输入层开始往后流动，主要通过模拟生物的神经网络进行模式识别，相当于 OODA 环中的"判断"。1983 年，Hopfield 利用神经网络求解旅行商问题，得到了当时最好的结果。经历了很长一段时间的低谷后，到 2010 年，由于在 ImageNet 等竞赛中的优越表现，以及 AlphaZero 程序战胜人类等给人们带来的震撼，世界掀起了人工智能研究及应用的热潮。这是一个非常重要的变化，它给优化决策加入了与以往技术有着根本区别的范式。传统上，优化决策的步骤可分为问题定义、建立模型、设计算法、求解并检验验证等环节，人工参与是全程和深入的，对人的建模求解能力和技术要求高。基于人工智能的优化决策技术，让机器可以在有监督或者无监督的情况下学习，无须人类的参与，甚至无须人类经验的加入，就能做出优化的决策。

1.3.6 启发式模型

启发式模型将问题的求解方案编码为生物基因、粒子、鸟类等对象，并模拟这些对象的进化优化过程进行进化。1975 年，Holland 教授借鉴生物界的进化规律提出了遗传算法，从而开启了进化计算的时代。当前，遗传算法与遗传编程、进化策略、进化规划等合称进化计算。进化计算通过选择过程起作用，在这个过程中，种群中不合适的成员被淘汰，而合适的成员被允许生存并继续，直到确定更好的解决方案。1983 年，S. Kirkpatrick 等提出了模拟退火算法，它是基于 Monte-Carlo 迭代求解的一种随机寻优算法，温度越高，搜索的全局性越好，随着温度的降低，搜索的空间逐渐收敛。1995 年，Eberhart 和 Kennedy 受鸟类觅食行为的启发，提出了粒子群算法，粒子群中的粒子都有位置和速度，但是粒子之间相互影响，从而改变了粒子群整体的运动行为，达到在解空间中搜索寻优的目的。与传统的运筹学优化算法模式不同，启发式算法难以给出问题的最优性判断条件，需要由算法设计者进行精心的设计、大量的实验和调整。但是启发式算法为许多难以求解的问题提供了一个可行途径。

1.3.7 仿真模型

基于解析分析的方法和基于仿真的方法，是两种不同的研究客观世界的方法。基于解析分析的方法能够迅速抓住客观问题的主要矛盾和关键的变量关系，因此适合解决条件比较理想化、变量个数和关系不是太过复杂的问题。而运筹学要面对大量复杂的现实问题，借助基于仿真的方法，是必由之路。仿真本质上是计算，是对客观问题数量关系在时间轴上演进的模拟，它可以将不确定性、结构复杂、计算量巨大等困难交给计算机，使人员的精力集中到仿真模型的建立和仿真数据的分析上。例如，对于排队系统的研究，基于生灭过程和 Little 公式的解析分析，能够处理顾客到达时间间隔分布和服务时间分布为有限数量类型概率分布的问题，能够通过解析公式很快地得出计算结果。但是对于许多复杂概率分布或者复杂排队网络问题，使用解析的方法进行分析困难重重且通用性不高，而使用基于仿真的方法，就能够灵活且简便地处理这些问题。当前已有许多商业软件支持对排队系统的仿真研究，如 SIMIO 就是一个用户接口良好的仿真系统。

　　仿真模型非常强大，并且它有一个非常可取的特性：将其用于非常复杂的系统建模时，不需要做太多的简化假设，也不需要牺牲过多细节。然而，使用仿真模型时必须非常小心，避免误用仿真。首先，在使用模型之前，必须对其进行适当的验证。验证对于任何模型来说都是必要的，对于仿真尤为重要。其次，分析人员必须熟悉如何正确使用仿真模型，包括复制、运行时间等。再次，为了有意义地分析仿真输出，分析人员必须熟悉各种统计技术。最后，在计算机上构建复杂的仿真模型是一项具有挑战性和相对耗时的任务，分析人员必须具有耐心。这里强调这些问题的原因是，现代仿真模型种类繁多，其真正的价值在于它能够洞察非常复杂的问题。

　　值得指出的一点是，仿真只是利用计算机的仿真模型进行了大量时间轴上的计算，它不能提供最佳策略的指示。从某种意义上说，这是一个反复实验的过程，因为我们用各种似乎有意义的策略进行实验，并查看仿真模型提供的客观结果，以评估每种策略的优点。如果决策变量的数量非常大，那么必须将自己限制在这些变量的某个子集中进行分析，并且最终选择的策略可能不是最优策略。然而，从实践者的角度来看，目标通常是找到一个好的策略，这个策略不一定是最好的策略，而仿真模型在为决策者提供好的解决方案方面非常有用。

1.4　运筹学的优化范式

　　自运筹学诞生以来，运筹学所利用的模型和分析技术众多。在面对一个新问题或者尚未很好解决的问题时，需要选择相应的模型和分析技术。通过对运筹学解决问题方法的聚类分析，可以得到运筹学的五大优化范式，即朴素优化范式、机械优化范式、仿真优化范式、智能优化范式和数据驱动优化范式（见图 1-2）。

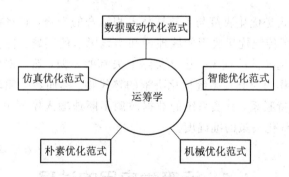

图 1-2　运筹学的五大优化范式

　　了解运筹学的优化范式，对模型和优化算法的选择具有重要的指导意义。

1.4.1　朴素优化范式

　　朴素优化范式是源于智能体直觉本能的规则式优化范式，是出现较早的一种优化决策范式，目前，对许多问题仍然具有生命力，同时，也会作为其他优化决策范式的子算法或者启发思路。贪婪算法、穷举法、深度优先搜索、广度优先搜索、生成测试范例等都可划分到此类。这类方法不需要复杂的数学推导，基本是一种规则式的算法，可以单独使用，也可以作为一种规则融入其他更复杂的算法中去。这些朴素优化的思想，为运筹学的许多高级算法持续提供支撑。朴素优化范式的具体内容详见第 2 章。

1.4.2 机械优化范式

机械优化范式是可以程序化和结果重现的一些算法，比朴素优化范式更加需要智慧和直觉之上的智能。例如，单纯形法、内点法、表上作业法、动态规划、匈牙利算法、标号法、层次分析法、非线性规划中的梯度法等均属于此类。机械优化范式是本书重点阐述的内容，详见第 3～7 章。

1.4.3 仿真优化范式

仿真优化范式是基于计算机仿真技术和平台的优化方法，可充分利用仿真对复杂系统的强大描述和承载能力，为优化提供动态、复杂结构的数据输入能力，并能够对随机性提供天然支持。仿真优化范式的相关内容详见第 7 章的 7.5 节。当前军事仿真优化的前沿和热点是数字孪生技术，从国防采办、维修维护到实际运用，仿真优化范式都将发挥巨大的作用。

1.4.4 智能优化范式

智能优化范式通过智能算法借鉴了智能体的进化优化过程，比较容易理解，能够解决的问题也是广谱的，但是针对具体的问题需要更多的专业知识，才能对算法的编码、解的进化、参数的调整等技术细节进行良好的控制和优化。智能优化范式的相关内容详见第 9 章。

1.4.5 数据驱动优化范式

数据驱动优化范式是优化决策与大数据技术相结合的产物，它将数据作为驱动优化决策的直接动力，解决了传统优化决策领域理论和实践脱节的问题。传统的优化决策方法都是先对真实系统进行选择性的抽象，建立实际上失真的模型，然后对模型进行优化，将对模型进行优化的结果作为对真实系统优化决策的替代物。然而数据驱动优化范式的模型本身始终与真实系统保持联系，真实系统的数据源源不断地输入模型中，使模型的失真度达到最小，从而保证了优化决策的准确度。

1.5　运筹学应用的过程

运筹学不仅仅是数学工具的集合。虽然运筹学使用了多种数学工具，但它的范围要广得多。运筹学实际上是一种解决问题的系统方法，在分析过程中使用一种或多种分析工具。丘奇曼认为运筹学是将科学方法、技术和工具应用于系统运行的问题，从而为系统的控制者提供问题的最佳解决方案。我们不应该把运筹学看作是一个绝对的决策过程，而应该把它看作是做出正确决策的辅助手段，它仅向决策者提供一套合理、科学的方案，而最终的决定留给决策者，他们能够明智地调整分析的结果，从而做出更加有利的决定。

运筹学也不仅仅是模型方法的集合，而更应该是一个完整的、系统的过程。运筹学研究的最终目的是对所分析的问题实施解决方案，因此保持问题驱动的焦点是至关重要的。构建最终难以处理的复杂模型，或者为与现实世界几乎没有关联的模型开发高效的解决方案，这些都可作为智力练习，但是要注意与运筹学的实践性质相结合。

运筹学实践者经常要面对的是对系统化解决方案的需求，要面对的是对问题全系统全寿命的考验。现实中的太多病态定义、非标准化结构的问题，往往需要运筹学实践者自己提炼和解决。运筹学实践者不要有这样的想法："你好，我这里有这么一个问题，目标和约束分别是 XXX，请帮我建模并算一下吧。"一般而言，别人对我们的期待是系统化的，即要自己提出问题，自己分析，自己解决，自己想办法推广和说服团队实施。因此，运筹学实践者还要重视与用户对象的沟通。实际的用户对象可能不一定具备足够的数学知识或接受过相应的运筹学训练，因此不能理解或者接受。一个运筹学项目可以成功的基础是必须要充分关注到系统化的运筹学的全过程，并将结果用可以理解的形式传达给最终用户。

如图 1-3 所示，运筹学的应用过程包括以下七个步骤：定位、问题定义、数据收集、模型构建、模型求解、验证与分析、实施与监控。将这些步骤结合在一起构成了一种持续反馈的机制。

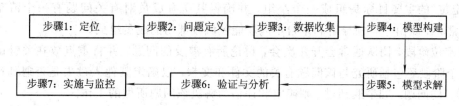

图 1-3　运筹学的应用过程

大部分的学术研究人员和工程开发人员会将重点放在步骤 4～步骤 6 上，但从实践的角度来看，其他步骤同样重要。事实上，在现实世界中，对这些步骤的关注不够是导致运筹学有时被错误地视为不切实际或无效的原因。

为了说明如何应用这些步骤，这里考虑一个典型的军事作战计划场景。任何作战的胜利，均受复杂因素的影响，包括天气、地理条件、兵力的部署与调度、士气、战斗力等的不确定性因素。作战计划的目标是要取得作战的胜利，同时，作战胜利在不同的任务场景下具有不同的内涵。

例 1-1　考虑一个高度简化的军事作战计划问题。蓝军试图入侵由红军防御的领地。红军有三条防线和 200 个正规战斗单位，并且还能抽调出 200 个预备单位。蓝军计划进攻两条前线（南线和北线）；红军设置三条东-西防线（Ⅰ、Ⅱ、Ⅲ），防线Ⅰ和防线Ⅱ各自要至少阻止蓝军进攻 4 天以上，并尽可能延长总的战斗持续时间。蓝军的前进时间由下列经验公式估计得到：

$$战斗持续的天数 = a + b\frac{红军战斗单位数}{蓝军战斗单位数}$$

其中，系数 a 和 b 如表 1-1 所示。

表 1-1　战斗持续时间经验公式中的系数

前线	a			b		
	防线 I	防线 II	防线 III	防线 I	防线 II	防线 III
北线	0.5	0.75	0.55	8.8	7.9	10.2
南线	1.1	1.3	1.5	10.5	8.1	9.2

红军的预备单位能够且只能用在防线 II 上。蓝军分配到三条防线的单位数由表 1-2 给出。

表 1-2　蓝军分配到三条防线上的战斗单位数

前线	蓝军战斗单位数 c		
	防线 I	防线 II	防线 III
北线	30	60	20
南线	30	40	20

红军应如何在北线/南线和三条防线上部署他的军队？

1.5.1　定位

"定位"的主要目标是组成一个小组，并确保其所有成员对有关问题有一个清楚的了解。通常，团队由一个领导者和来自不同职能领域或部门的成员组成。

在定位阶段，团队通常会开几次会，讨论所有涉及的问题，并将重点放在关键的问题上。这个阶段还包括研究与该问题有关的文件和文献，以确定其他人过去是否遇到过相同（或类似）的问题，如果遇到过，则确定和评估为解决该问题所做的工作。

1.5.2　问题定义

"问题定义"需要对问题的范围和期望的结果有一个明确定义。这一阶段不应与前一阶段相混淆，因为它更加集中和面向目标。

对问题的清晰定义包含三个主要部分。第一个是明确目标的陈述。虽然完整的系统级解决方案会更受青睐，但当系统非常大或复杂时，这通常是不现实的，在许多情况下，必须将重点放在系统中可以有效隔离和分析的部分。例如，在例 1-1 中，红方要尽可能地延长总的战斗持续时间，但是这个总的时间可以有几种不同的组合形式，是求六个持续时间的总和，还是定义为六个时间中最长的，抑或是其他，需要结合具体的作战任务场景和战术目的进行研讨。在已经给出的简单陈述中，是无法获得这样的一个准确的描述的。第二个是对影响目标的因素的规范。这些还必须进一步分为决策者控制下的备选行动和不可控因素。例如，在例 1-1 中，红方的兵力部署可控。第三个也是最后一个组成部分是对行动过程的约束的规范，即为决策者可能采取的具体行动设定界限。一般来说，最好从一长串可能的限制条件开始，然后将其缩小到对可以选择的行动路线有明显影响的那些条件。

1.5.3　数据收集

"数据收集"的目的是将第二阶段定义的问题转化为模型进行客观分析。数据通常有两个来源——观察和预测。一些数据可以通过"观察"得到，即通过观察系统的运行实际收集数据。例如，在例 1-1 中，战斗持续时间的经验公式可以根据历史作战数据通过分析和拟合得到，蓝方的攻击兵力分配计划也可以通过情报系统"观察"得到。另外一些数据可以通过"预测"得到。很多无法准确获取的信息可以采用"预测"的方法得到，如敌方有可能的攻击场景等。一方面可以通过建立比较精确的仿真模型对数据进行仿真"预测"，另一方面可以采用调查、问卷或其他测量工具，为模型的建立征得数据。

随着数据科学和技术的迅速发展，运筹分析人员现在可以随时获取以前很难获得的数据。但这也使事情变得困难，因为人们经常发现自己处于数据丰富但信息贫乏的境地。换句话说，即使数据以"某种形式"出现在"某个地方"，从这些来源提取有用的信息通常是非常困难的。这就是为什么信息系统专家对参与任何重要的运筹学项目的团队来说都是很重要的。

1.5.4　模型构建

模型是对现实世界的选择性抽象，建模是捕获系统或流程的选定特征。分析一个简化的模型通常比分析原始系统要容易得多，并且只要模型合理、准确，由得出的结论就可以有效地推回原始系统。

模型构建更像是一门艺术而不是科学。需要记住的关键一点是，通常在模型的准确性和可操作性之间存在一种自然的平衡。一种极端的情况是，建立了一个非常全面、详细和精确的现有系统模型，但是从分析的角度来看，很可能是行不通的，因为它的构建可能非常耗时。另一种极端的情况是，使用许多简化的假设建立了一个不太全面的模型，虽然便于分析，但模型可能非常缺乏准确性，如果将分析结果简单地用到原始系统可能会产生严重的错误。显然，我们必须在中间的某个地方画一条线，在那里模型是原始系统的一个足够准确的表示，但仍然是易于处理的。

在上面给出的模型的正式定义中，关键字是"选择性"。有了清晰的问题定义，就可以更好地确定系统的关键方面。这些方面必须由模型来表示。最终的目的是得到一个模型，该模型捕获了系统的所有关键元素，同时又足够简单，可以进行分析。

例如，在建立例 1-1 的数学规划模型时，首先要定义决策变量 x_{ij} 和 y_{ij}（$i=1,2$；$j=1,2,3$），x_{ij} 表示各个防线上的正规兵力部署数量，y_{ij} 表示部署在防线 II 上的预备兵力数量。下面我们就可以依据经验公式计算各个防线上的战斗持续时间，即

$$t_{ij} = a_{ij} + b_{ij}\frac{x_{ij}+y_{ij}}{c_{ij}}$$

如果我们的目标是使六个防线上的持续时间之和达到最大，则目标函数可以表示为以下形式：

$$\max z = \sum_{i,j} t_{ij}$$

同时，兵力的分配要受到以下约束。

正规战斗单位总数为 200 个，因此有

$$\sum_{i,j} x_{ij} \leqslant 200$$

预备战斗单位有 200 个，能够且只能用在防线 II 上，故有

$$\sum_{i,\,j} y_{ij} \leqslant 200$$

$$y_{ij} = 0,\ i = 1, 2;\ j = 1, 3$$

防线 I 和防线 II 各自要至少阻止红军进攻 4 天以上,故有

$$t_{ij} \geqslant 4,\ i = 1, 2;\ j = 1, 2$$

$$y_{ij} \geqslant 0$$

$$x_{ij} \geqslant 0$$

$$i = 1, 2;\ j = 1, 2, 3$$

这个模型中显然没有考虑蓝军在突破一个防线之后,剩余的兵力是否会加入另外一个尚未突破防线的战斗中。

1.5.5 模型求解

虽然目前有不少软件可以用来求解各种模型,但在使用这些软件之前,仍然需要接受一些正规的运筹学方法教育。从实践者的角度来看,最重要的是能够在许多可用的技术中识别适用于所给问题的技术。通常,对于接受过运筹学基础训练的人来说,这不是一项困难的任务。

在应用特定的技术时,如果资源可用性和时间都不是问题,人们当然会寻找最佳解决方案。然而,在许多情况下,及时性是至关重要的,通常更重要的是快速获得令人满意的解决方案,而不是花费大量的精力来确定最佳的解决方案,特别是在这样做的边际收益很小的情况下。经济学家赫伯特·西蒙(Herbert Simon)用"满意解"一词来描述这一概念——一个人在寻找最优方案,但在找到一个可以接受的良好解决方案时,就会停下来。

1.5.6 验证与分析

获得解决方案之后,需要先验证解决方案本身是否有意义。通常情况下产生问题的原因是模型不准确或漏掉了影响因素,有时需要对模型进行求解来发现其中的不准确性。在这个阶段可能出现的一个典型错误是,模型忽略了一些重要的约束,然后分析人员必须返回修改模型并重新求解它。这个循环会一直持续下去,直到确定结果是合理的。

由于模型本身是对系统的选择性抽象,并且使用的数据在许多情况下不是 100% 精确和足够的,因此解决方案的有效性受制于模型的准确性。那么,解决方案对模型中固有的假设和参数的值的偏离有多敏感,就成了模型和结果分析的重要内容。

1.5.7 实施与监控

实施与监控是一个将决策转化为行动并不断评估和反馈的过程。实施与监控均需要团队来完成。实施团队通常包括原运筹团队的一些成员,负责制订作业流程或手册,并制订实施计划的时间表。监控团队一般要包括操作人员。从运筹的角度来看,监控团队的人员应认识到,只有在操作环境不变、研究假设保持有效的情况下,实施的结果才是有效的。因此,当制订计划的基础发生根本变化时,人们必须重新考虑自己的战略。在例 1-1 中,如果敌方对各个防线的进攻力量发生变化,就必须重新考虑这个变化,以得出另一种行动方案。应当强调指出,运筹分析的一项主要任务是以有效的方式向管理部门传达项目的结果。

在现实中,经常会出现由于表达不够而导致优秀的方案不能获得青睐的现象。

习　题　1

1. 运筹学的应用古已有之,为什么普遍认为运筹学起源于第二次世界大战呢?一门学科的起源一般有什么标准?

2. 1.2 节给出的运筹学的定义中,你认为哪个定义最全面最准确?

3. 查阅资料,分析管理学和运筹学的异同,分析系统工程与运筹学的关系。

4. 运筹学的模型有哪些?

5. 运筹学优化的范式有哪些?

6. 运筹学的应用过程一般包括哪些步骤?

第2章 朴素优化范式

2.1 生成测试范例

在最直观的决策模式中，我们会构造一个解决方案并检测是否满足约束条件，如果不满足约束条件，就再构造一个解决方案，直到找到一个满足约束条件的解决方案为止，这样的为问题找到解决方案的决策思路称为生成测试范例。这适合于寻找可行解的问题，可行解之间无优劣之分。

例 2 - 1（人民币组合问题） 假设我们有 8 种不同面值的人民币 $\{1, 5, 10, 50, 100, 200, 500, 1000\}$，单位为分，用这些人民币组合构成一个给定的数值 n。例如，$n=3000$，请给出一种可行的组合方式。

显然，如果假设 8 种人民币的数量分别为 x_i（$i=1, \cdots, 8$），则 $x_1=3000$，$x_i=0$（$i=2, \cdots, 8$）就是一个可行的方案。当然，在增加现实因素（如人民币的体积或重量）考量之后，可能这并不是一个最优的方案。同时，这个问题的许多可行解之间并无明显的优劣之分，如下面的两个组合方案：

$$方案 1：x_1 = 2800, \; x_5 = 2, \; x_i = 0 \quad (i = 2, 3, 4, 6, 7, 8)$$
$$方案 2：x_1 = 2800, \; x_6 = 1, \; x_i = 0 \quad (i = 2, 3, 4, 5, 7, 8)$$

例 2 - 2（八皇后问题） 在国际象棋 8×8 的棋盘上，要摆放 8 个皇后，但是要保证没有任意两个皇后可以相互攻击，也即要求没有任意两个皇后处在相同的行、列或对角线上。如图 2 - 1 所示，如果深色方格代表为皇后选择的位置，则图 2 - 1(a)所示的为一个可行的方案，而图 2 - 1(b)所示的是不可行的方案，因为不符合任意两个皇后都不能处在同一对角线上的约束。

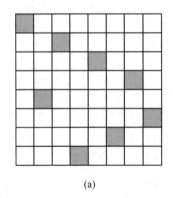
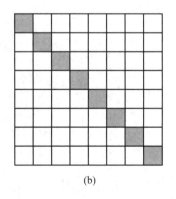

(a)   (b)

图 2 - 1　八皇后问题的生成测试范例

对于八皇后问题来讲，基本的解决范式就是生成测试范例，也就是生成一个解决方案，判断是否可行，如果可行，算法结束，否则再生成另外一个解决方案。不同的解决方案之间并无优劣之分，问题的目标只是要找到一个满足条件的解决方案。

2.2　枚　举　法

枚举法就是检测决策对应的每一种可能的解决方案，并比较它们的优劣，从中选择出最好的方案。枚举法的好处是能够确切无误地找到问题的最优解，并且实现起来简单易行，但是显然不适合连续变量优化问题以及可能解决方案数量过于庞大的问题。什么叫数量过于庞大呢？要依据两个变量的乘积来衡量，一个是计算时间上界 T，这主要受任务场景的限制，另外一个是单位时间可检测的解决方案数量 N。那么，对于可行解决方案数量大于 $T \cdot N$ 的问题，显然不适合用枚举法完成。

例 2-3(人民币组合问题)　假设我们有 8 种不同面值的人民币{1，5，10，50，100，200，500，1000}，单位为分，用这些面值的人民币组合构成一个给定的数值 n。例如，$n=$ 3000，问总共有多少种可能的组合方式？

如果假设 8 种人民币的数量分别为 $x_i(i=1,\cdots,8)$，则可以确定各个变量的取值范围如表 2-1 所示。

表 2-1　人民币组合问题的变量取值区间及个数

变量	x_1	x_2	x_3	x_4	x_5	x_6	x_7	x_8
区间	[0，3000]	[0，600]	[0，300]	[0，60]	[0，30]	[0，15]	[0，6]	[0，3]
数量	3001	601	301	61	31	16	7	4

使用枚举的方法需要搜索的状态空间中包含的解的数量为各个维度状态数量的乘积，也即 4.5991e+14，这样的状态空间规模使用一般的计算机尚可在忍受的时间范围内完成。例如，在处理器为 Intel(R)Core(TM) i7-7500U CPU @ 2.70GHz，内存为 8GB 的联想笔记本电脑上，使用 Matlab 计算 $n=30\ 000$ 的人民币组合问题，花费时间为 2285.5 秒，代码如下：

```
ub = [3000 600 300 60 30 15 6 3]; count =1; Num = 30000
tic
for i1=0:ub(1)   if sum([i1]. * ub(1))<=Num
    for i2=0:ub(2)   if sum([i1 i2]. * ub(1:2))<=Num
        for i3=0:ub(3)   if sum([i1 i2 i3]. * ub(1:3))<=Num
            for i4=0:ub(4)   if sum([i1 i2 i3 i4]. * ub(1:4))<=Num
                for i5=0:ub(5)   if sum([i1 i2 i3 i4 i5]. * ub(1:5))<=Num
                    for i6=0:ub(6)   if sum([i1 i2 i3 i4 i5 i6]. * ub(1:6))<=Num
                        for i7=0:ub(7)   if sum([i1 i2 i3 i4 i5 i6 i7]. * ub(1:7))<=Num
                            for i8=0:ub(8)   if sum([i1 i2 i3 i4 i5 i6 i7,i8]. * ub)==Num
                                count = count+1;
                            end
```

```
                                        end
                                     end
                                  end
                               end
                            end
                         end
                      end
                   end
                end
             end
          end
       end
    end
 end
end
toc
```

　　然而对于很多实际问题的搜索状态空间，枚举法多数是不可忍受的。当然，枚举法在很多情况下计算时间的不可忍受也是可被利用的，否则，密码可被暴力破解，网上银行和保密通信就有麻烦了。

　　例 2 - 4（n 皇后问题）　针对例 2 - 2 的八皇后问题，将其一般化后就是 n 皇后问题，在一个 $n \times n$ 的棋盘上摆放 n 个皇后保证相互没有攻击可能。请问 n 皇后问题有多少种可行的方案？

　　对于 n 皇后问题，需要检查的组合数量为 $n!$。对于八皇后问题，可以使用枚举的办法统计可行方案的数量。但是对于数量越大的 n 皇后问题，枚举法就越不可行，因为需要枚举的方案的数量呈指数级增长。例如，$n=20$，需要检查的组合数量为 $20! = 2.433 \times 10^{18}$，使用枚举法来检查已经不现实了。

2.3　深度优先搜索

　　深度优先搜索（Deep-First Search，DFS)是一种基于图数据结构的枚举法。可以这样理解，图中的节点都有一定的层次关系，所有的从同一个点 a 出发通过弧能够直接一步到达的点 $b_i \in B$ 是同级的，这是广度上的衡量，而 a 称为 b_i 的上级，b_i 称作 a 的下级，如图 2 - 2 所示。

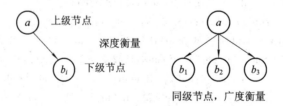

图 2 - 2　节点的层次结构及深度和广度衡量

　　所谓深度优先，就是当前点往下走的时候，优先选择第一个未走过的下级节点，不优先到达一个未走过的同级节点。

例 2-5（拼图问题）　对于一个 2×2 拼图问题来讲，给定初始排列和目标排列如图 2-3 所示，要想从初始排列达到目标排列，请问要进行怎样的操作才可以达到目的？

图 2-3　拼图问题的初始排列和目标排列

为了描述问题更加方便，将拼图的一个排列称为拼图的一个状态，对拼图的操作抽象为四种操作：空格上移、空格下移、空格右移、空格左移。

步骤 1：初始状态为 s_0，按照顺序通过操作集中的某种操作后，状态转移关系如图 2-4 所示，因此状态 s_0 的下级节点有 2 个。

初始状态 s_0	操作	目标状态	备注
	空格上移		新状态，s_{11}
	空格下移		无变化，s_0
	空格右移		无变化，s_0
	空格左移		新状态，s_{12}

图 2-4　拼图问题步骤 1

步骤 2：按照深度优先搜索的规则，当前状态点 s_0 往下走的时候，优先选择第一个未走过的下级节点 s_{11}，也就是如图 2-5 所示的状态转移关系。

步骤 3：当前状态 s_{11} 与目标状态不同，则按照操作集判断下一个阶段状态，如图 2-6 所示。

初始状态 s_{11}	操作	目标状态	备注
	空格上移		无变化，s_{11}
	空格下移		老状态，s_0
	空格右移		无变化，s_{11}
	空格左移		新状态，s_{21}

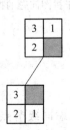

图 2-5　拼图问题步骤 2

图 2-6　拼图问题步骤 3

步骤 4：按照深度优先搜索的规则，当前状态点s_{11}往下走的时候，优先选择第一个未走过的下级节点s_{21}，也就是如图 2-7 所示的状态转移关系。

以此类推，直到算法停止，搜索过程如图 2-8 所示。

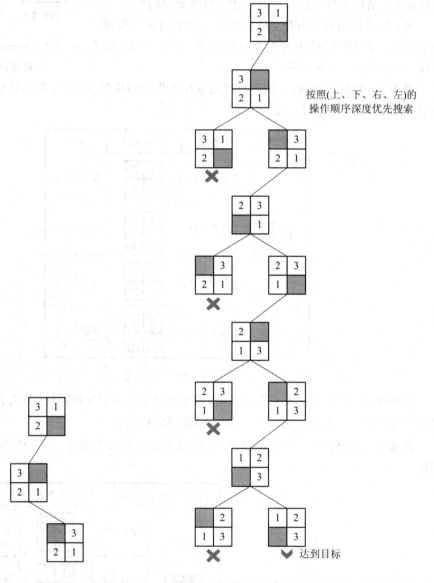

按照(上、下、右、左)的操作顺序深度优先搜索

图 2-7　拼图问题步骤 4　　　　图 2-8　深度优先搜索用于拼图问题的搜索序列

2.4　广度优先搜索

与深度优先搜索正好不同，广度优先搜索在转移的时候，优先考虑同级节点，直到同级节点全部搜索完毕之后，才考虑下级节点。

例 2-6(拼图问题)　同样，对于一个 2×2 拼图问题来讲，给定初始状态和目标状态如

图 2-9 所示，要想从初始状态达到目标状态，也可以使用广度优先搜索的办法寻找解决方案。

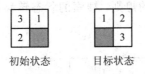

初始状态　　　　目标状态

图 2-9　2×2 拼图问题的初始状态和目标状态

步骤 1：初始状态为 s_0，按照顺序通过操作集中的某种操作后，状态转移关系如图 2-10 所示，因此状态 s_0 的下级节点有 2 个。

步骤 2：初始状态点 s_0 的下级状态节点包括 s_{11} 和 s_{12}，按照广度优先搜索的规则，优先搜索同级的状态节点，也就是如图 2-11 所示的状态转移关系。

初始状态s_0	操作	目标状态	备注
	空格上移		新状态，s_{11}
	空格下移		无变化，s_0
	空格右移		无变化，s_0
	空格左移		新状态，s_{12}

图 2-10　2×2 拼图问题的步骤 1

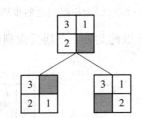

图 2-11　2×2 拼图问题的步骤 2

步骤 3：从状态 s_{11} 开始，按照操作集判断下一个阶段状态，如图 2-12 所示，因此当前状态 s_{11} 的下级节点只有 s_{21}。

初始状态s_{11}	操作	目标状态	备注
	空格上移		无变化，s_{11}
	空格下移		老状态，s_0
	空格右移		无变化，s_{11}
	空格左移		新状态，s_{21}

图 2-12　2×2 拼图问题的步骤 3

步骤4：从状态s_{12}开始，按照操作集判断下一个阶段状态，如图2-13所示，因此当前状态的下级节点只有s_{22}。

步骤5：按照广度优先搜索的规则，搜索的状态转移如图2-14所示（从上往下、从左至右的生成顺序）。

初始状态s_{12}	操作	目标状态	备注
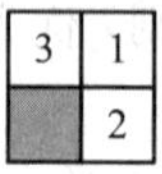	空格上移	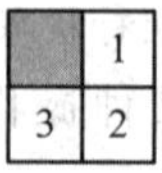	新状态，s_{22}
	空格下移	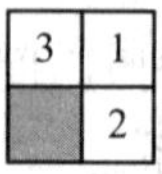	无变化，s_{12}
	空格右移	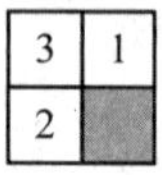	老状态，s_0
	空格左移	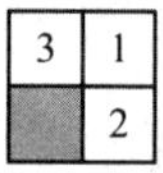	无变化，s_{12}

图2-13 2×2拼图问题的步骤4   图2-14 2×2拼图问题的步骤5

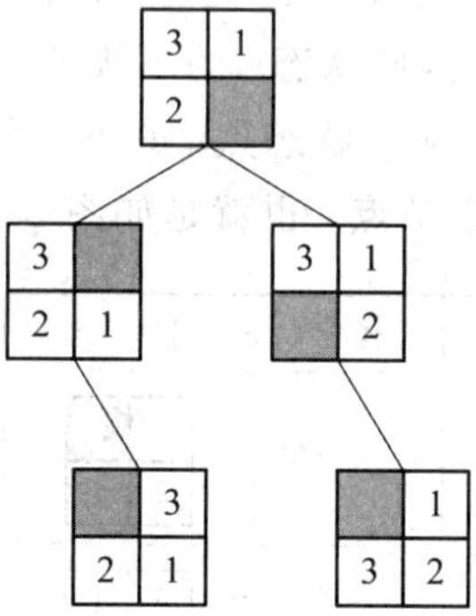

步骤6：以此类推，直到搜索到的某个状态和目标状态相同，算法停止，搜索过程如图2-15所示。

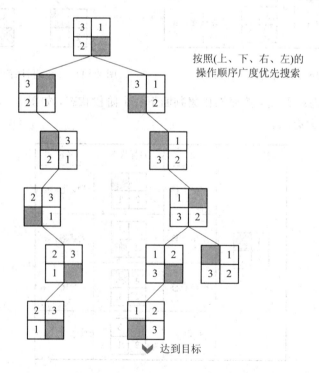

按照(上、下、右、左)的
操作顺序广度优先搜索

↓ 达到目标

图2-15 广度优先搜索用于2×2拼图还原的搜索序列

2.5 贪婪算法

贪婪算法是指，在对问题求解的每个子阶段或者步骤中，总是做出在当前看来是最好的选择。也就是说，不从整体最优上加以考虑，所做出的是在某种意义上的局部最优解。

例 2-7　有三种物品 A、B、C，单位物品的重量分别为 1、2、3，单位物品的价值分别为 3、2、1，背包的最大载重为 4，请问可装入背包的物品的最大价值是多少？

按照贪婪算法的思想，要想装入物品的总价值最高，那么单位价值应该也比较高，因此，计算三种物品的单位价值分别为

$$\rho_A = \frac{3}{1}$$

$$\rho_B = \frac{2}{2}$$

$$\rho_C = \frac{1}{3}$$

因为 $\rho_A > \rho_B > \rho_C$，所以首先装入最多的 A，即

$$x_A = \text{floor}\left(\frac{4}{1}\right) = 4$$

已经装满了，得到的是全局最优解，装入背包的总价值为

$$z = 4\, x_A = 12$$

例 2-8　有三种物品 A、B、C，单位物品的重量分别为 1、2、3，单位物品的价值分别为 15、33、50，背包的最大载重为 4，请问可装入背包的物品的最大价值是多少？

按照贪婪算法的思想，要想装入物品的总价值最高，那么单位价值应该也比较高，因此，计算三种物品的单位价值分别为

$$\rho_A = \frac{15}{1}$$

$$\rho_B = \frac{33}{2}$$

$$\rho_C = \frac{50}{3}$$

因为 $\rho_A < \rho_B < \rho_C$，所以首先装入最多的 C，即

$$x_C = \text{floor}\left(\frac{4}{3}\right) = 1$$

然后考虑 B，即

$$x_B = \text{floor}\left(\frac{4 - 3\, x_C}{2}\right) = 0$$

最后考虑 A，即

$$x_A = \text{floor}\left(\frac{4 - 3\, x_C - 2\, x_B}{1}\right) = 1$$

因此，装入背包的总价值为

$$z = 15x_A + 33x_B + 50x_C = 65$$

然而这并不是最优解(最优解为 $x_A = 0$,$x_B = 2$,$x_C = 0$,总价值为 66)。

因此,贪婪算法不一定能保证得到最优解。关于背包问题,可以建立线性规划模型求解,也可以利用动态规划求解(参见 5.4 节)。

贪婪算法看起来有点只顾眼前不顾长远,甚至有人形容其为"饮鸩止渴"。但是在许多情况下,贪婪算法简单直接并且好用,很多问题使用贪婪算法可以得到令人满意的解。如果再进一步优化,往往要花费较大的建设成本和付出艰辛的努力,并且个体的努力还依赖于整体信息化计算环境的支持。因此,在现实中,贪婪算法非常好用,在许多粗放式管理与运用中,运筹学的很多优良的算法被束之高阁。

值得注意的是,贪婪算法一旦经过证明可以得到全局最优解后,它往往是非常高效的算法,例如,4.1 节最小支撑树问题中的几个算法,甚至大名鼎鼎的单纯形法也属于贪婪算法。

2.6 启发式算法

所谓启发式算法,指的是受物理生物运行进化规律(如模拟退火算法、烟花算法、遗传算法)、生物智能(如蚁群算法、蜂群算法、狼群算法等)、人类解决问题的"经验""知识"的启发(如旅行商问题的最近邻算法和插入算法等、运输问题的最小元素法和伏格尔法等),通过模仿寻优规则、模式而得出来的算法。启发式算法一般能比较快速地找到满意解,对于很多复杂问题虽然不能保证给出最优解,但是起码能给出不错的解。其缺点是不能保证得到最优解,甚至对解的质量通常也很难做出判断。

在实际问题的建模求解中,要综合考虑计算时间、解的质量等选择算法,因为启发式算法对解的质量(相对于最优解)难以精确判断,所以一般是没有找到其他办法时使用。例如,对于网络最优化中的最小支撑树、最短路、最大流等问题,它们已经有了很好的精确求解算法,再采用启发式算法就没有必要了。

例 2-9 对于如图 2-16 所示的迷宫问题,请使用扶墙算法找到一条从入口到出口的路。所谓扶墙算法,就是从入口处开始,假设人在行进的过程中,始终要左手(或者右手)扶着墙不能离开。扶墙算法就借鉴了人类的知识和经验:"顺藤摸瓜"。

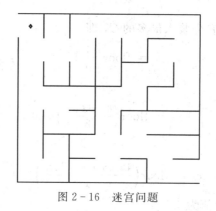

图 2-16 迷宫问题

例 2 - 10　对于如图 2 - 16 所示的迷宫问题，请使用随机老鼠算法求解从入口到出口的路。所谓随机老鼠算法，就是从入口处开始往前走，每当走到分岔口的时候，就随机决定往哪个方向走。随机老鼠算法模仿了自然界中的老鼠的行为，最终也能找到出口，但是一般花费的时间相对较长。

2.7　拓展应用：玻璃球硬度测试实验设计问题

有一栋 100 层高的大楼，给你两个完全相同的玻璃球。假设从某一层开始往上，丢下玻璃球会摔碎，现在要测试这个临界层数，作为玻璃球硬度的度量。那么怎么利用手中的两个球，用最少的测试次数，测试玻璃球的硬度呢？

假如只有一个球，那么很显然，只有一个办法：从第一层开始投，如果没碎再试第二层、第三层等，也就是只能使用枚举法进行实验。其实验次数的分布与玻璃球实际硬度之间的关系如图 2 - 17 所示。

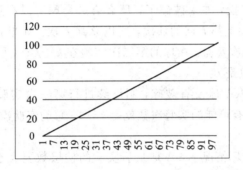

图 2 - 17　枚举法实验次数与实际硬度之间的关系

现在有两个球，当然也可以使用枚举法，但是实验次数没有降低。我们使用生成测试范例的办法明显可以找到一个实验次数更少的方案：第一个球在 50 层往下扔，如果碎了，说明玻璃球的硬度小于 50，无须再测试 50 以上的楼层，如果玻璃球没碎，则只需要测试 50 以上的楼层，通过这样简单的二分法可以降低有可能的实验次数。其最坏情况下实验次数的分布与玻璃球实际硬度之间的关系如图 2 - 18 所示。

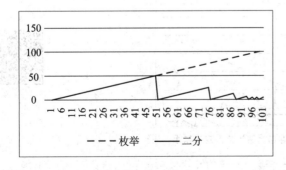

图 2 - 18　二分法的实验次数与实际硬度之间的关系

然而，虽然二分法比枚举法有进一步的改进，但是二分法并不一定是最好的。下面我们通过优化模型的办法进行验证和求解最优的实验方案。

为了使最坏情况下的实验次数最小化，目标函数设为

$$\min z = \max\{x_i\}$$

其中，x_i 为实际硬度为 i 的情况下的实验次数。

根据人类的经验，"削峰填谷"可以让最大值降到最小，因此，采用这样的思路，我们想办法让所有硬度情况下的实验次数尽量相等，这样的话，有可能求得最优解。这实际上是受其他经验或者智慧启发的求解思路，是一种启发式的求解思路。这种方法称之为均匀法。

命名第一个球为 A 球，第二个球为 B 球。A 球选择一个实验楼层序列进行依次实验，当 A 球破碎后，B 球进行枚举实验。因此，A 球的实验策略对实验次数具有关键性的影响。

为了使最坏情况下的实验次数最小化，就需要将 A 球的实验楼层序列设计为一个有规律的序列，使 A 球在不同硬度下，两个球的实验次数之和在最差情况下是相等的。

既然 A 球试验的这一次不可避免，也就是说，多探测一次，实验次数就要加一，因此，我们需要想办法将 A 球二分的空间逐渐减小，才能补偿 A 球探测性二分次数增加带来的总次数递增问题。也就是要让 B 球枚举的空间一步步地降低。

假设一开始从第 k 层投，如果破碎了，那么第二个球可以在剩下的 $k-1$ 层一定能用 $k-1$ 次确定哪层坏，再加上第 k 层的那次，所以总共 k 次。如果在第一次实验中，A 球没有破碎，则继续进行第二次实验。A 球的第二次实验在 $k+k-1$ 层，则 B 球有可能实验的次数就是 $k-2$，总的次数是 k。

如果在第二次实验中 A 球没有破碎，则继续进行第三次实验。A 球的第三次实验在 $k+k-1+k-2$ 层，B 球有可能的实验次数就是 $k-3$，总的实验次数是 k。

以此类推。

转化成数学模型，最坏情况下，A 球最后实验的楼层数要大于等于 100 才可以，也就是有如下不等式约束：

$$k+(k-1)+\cdots+2+1 \geqslant 100$$

即

$$\frac{k(k+1)}{2} \geqslant 100$$

解出结果等于 14。

A 球实验的楼层序列为 14，27，39，50，60，69，77，84，90，95，99。不同实验策略下，实验期望次数与实际硬度之间的关系如图 2-19 所示。

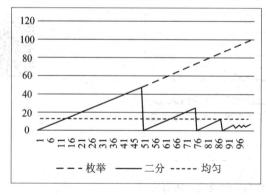

图 2-19　不同实验策略下，实验期望次数与实际硬度之间的关系

习　题　2

1. 请上网查询八皇后问题的背景，并阐述怎么使用生成测试范例找到八皇后问题的一个可行方案。如果要找到八皇后问题的所有可行方案，使用枚举法的算法步骤是什么？

2. 小明一家四人要过河，单独过河爸爸要 1 分钟，小明要 2 分钟，弟弟要 5 分钟，妈妈要 10 分钟，最多两个人同时过，并且只有一个手电筒，每次都需要手电筒，两人过河按实际用时长的时间算，请给出两种过河方案并计算其总时间。

3. 请使用 Excel 和 Matlab 求解以下不等式

$$\frac{k(k+1)}{2} \geqslant 100$$

4. 使用生成测试范例的方法，看看能否找出典型案例中玻璃球实验的更优方案。

5. 对于例 2-5，如果按照⟨空格上移、空格下移、空格左移、空格右移⟩的顺序生成图，那么，若使用深度优先搜索的方法，则拼图恢复的操作序列以及状态序列是怎样的？

6. 对于例 2-6，如果按照⟨空格上移、空格下移、空格左移、空格右移⟩的顺序生成图，那么，若使用广度优先搜索的方法，则拼图恢复的操作序列以及状态序列是怎样的？

第3章 线性规划

3.1 约束目标标准型

3.1.1 线性规划的一般形式

定义 3 - 1 线性规划(Linear Programming，LP)是一种凸规划问题，它的目标函数为最大化(或者最小化)决策变量的线性多项式，约束条件为决策变量的线性不等式(或者等式)，其一般形式为

$$目标函数 \quad \max(\min)z = c_1 x_1 + c_2 x_2 + \cdots + c_n x_n$$

$$约束条件 \begin{cases} a_{11} x_1 + a_{12} x_2 + \cdots + a_{1n} x_n < (=>)b_1 \\ a_{21} x_1 + a_{22} x_2 + \cdots + a_{2n} x_n < (=>)b_2 \\ \quad\quad\quad \vdots \\ a_{m1} x_1 + a_{m2} x_2 + \cdots + a_{mn} x_n < (=>)b_m \\ x_1, x_2, \cdots, x_n \geqslant 0 \end{cases}$$

其中，c_j，a_{ij}，$i=1, \cdots, m$，$j=1, \cdots, n$ 为常数，x_j 为决策变量。

若记

$$\boldsymbol{C} = \begin{bmatrix} c_1, c_2, \cdots, c_n \end{bmatrix}^{\mathrm{T}}$$

$$\boldsymbol{A} = \begin{bmatrix} a_{11} & a_{12} & \cdots & a_{1n} \\ a_{21} & a_{22} & \cdots & a_{2n} \\ \vdots & \vdots & & \vdots \\ a_{m1} & a_{m2} & \cdots & a_{mn} \end{bmatrix}$$

$$\boldsymbol{X} = \begin{bmatrix} x_1, x_2, \cdots, x_n \end{bmatrix}^{\mathrm{T}}$$

$$\boldsymbol{b} = \begin{bmatrix} b_1, b_2, \cdots, b_m \end{bmatrix}^{\mathrm{T}}$$

则其一般形式可以表示为

$$\max(\min)z = \boldsymbol{C}^{\mathrm{T}} \boldsymbol{X}$$

$$\boldsymbol{AX} < (=>)\boldsymbol{b}$$

$$\boldsymbol{X} \geqslant \boldsymbol{0}$$

相关的例题可以参见 3.6 节。

3.1.2 线性规划的标准形式

定义 3 - 2 线性规划的标准形式为

$$目标函数 \quad \min z = c_1 x_1 + c_2 x_2 + \cdots + c_n x_n$$

$$\text{约束条件} \begin{cases} a_{11}\,x_1 + a_{12}\,x_2 + \cdots + a_{1n}\,x_n = b_1 \\ a_{21}\,x_1 + a_{22}\,x_2 + \cdots + a_{2n}\,x_n = b_2 \\ \quad\quad\quad \vdots \\ a_{m1}\,x_1 + a_{m2}\,x_2 + \cdots + a_{mn}\,x_n = b_m \\ x_1, x_2, \cdots, x_n \geqslant 0 \end{cases}$$

则标准形式可以记为

$$\min z = \boldsymbol{C}^{\mathrm{T}}\boldsymbol{X}$$
$$\boldsymbol{AX} = \boldsymbol{b}$$
$$\boldsymbol{X} \geqslant 0$$

定理 3 - 1　线性规划的一般形式可以转换为等价的标准形式。

对于目标函数，可以通过将系数向量取负，将最大化和最小化目标函数进行互化。对于约束条件来讲，不等式可以通过增加辅助决策变量的方法进行转换，遵循以下转换规则：(1) 对于小于不等式，在左侧加上一个辅助决策变量。(2) 对于大于不等式，在左侧减去一个辅助决策变量。

例 3 - 1　对于如下线性规划模型的一般形式，将其转换为标准形式。

$$\max z = 15x_1 + 33x_2 + 50x_3$$
$$x_1 + 2x_2 + 3x_3 \leqslant 4$$
$$x_1, x_2, x_3 \geqslant 0$$

先通过将系数向量取负，将目标函数转换为最小化，然后增加一个辅助决策变量将约束条件不等式转换为等式，得到如下标准形

$$\min z = -15x_1 - 33x_2 - 50x_3 + 0x_4$$
$$x_1 + 2\,x_2 + 3\,x_3 + x_4 = 4$$
$$x_1, x_2, x_3 \geqslant 0$$

3.1.3　整数线性规划

定义 3 - 3　如果线性规划的所有决策变量都必须是整数，那么这个问题称为整数规划问题。

例 3 - 2　有三种物品 A、B、C，单位物品的重量分别为 1、2、3，单位物品的价值分别为 15、33、50，背包的最大载重为 4，请问可装入背包的物品的最大价值是多少？

设装入背包的三种物品的数量分别为 x_1，x_2，x_3，则可以建立一般形式的线性规划模型

$$\max z = 15x_1 + 33x_2 + 50x_3$$
$$x_1 + 2\,x_2 + 3\,x_3 \leqslant 4$$
$$x_1, x_2, x_3 \geqslant 0$$
$$x_1, x_2, x_3 \text{ 为整数}$$

其中目标函数代表最大化装入背包中物品的价值，第一个约束条件代表装入背包中的物品总重量不能超过背包的最大载重 4，第二个约束条件代表装入背包中物品的数量不能为负，第三个约束条件代表装入背包中物品的数量为整数。

定义 3 - 4　如果线性规划的所有决策变量只能取 0 或者 1，则称之为 0－1 整数规划。

例 3 - 3 现要为 5 个人(机器)分别指派一个工作,目标是最小化总的工作时间,约束是人与工作一一对应。设第 i 个人做第 j 个工作的时间预计为 c_{ij},令 $x_{ij} = 1$ 代表指派第 i 个人做第 j 个工作,否则 $x_{ij} = 0$ 代表第 i 个人不做第 j 个工作,则可以建立如下线性规划模型:

$$\min z = \sum_{i,j} c_{ij}\, x_{ij}$$
$$\sum_{i=1}^{5} x_{ij} = 1$$
$$\sum_{j=1}^{5} x_{ij} = 1$$
$$x_{ij} \in \{0, 1\}$$

3.2 从无穷到有限之基解

3.2.1 可行解

定义 3 - 5 可行解是满足约束条件的解。所有可行解的集合称作可行域。

如果能找到线性规划问题的可行域,也就是能把所有的可行解都罗列出来的话,我们就可以通过对比的方法找出目标函数值最优的可行解,也即最优解。这是一种枚举的思想。下面我们分析一下线性规划问题解的数量的情况,分析一下什么情况下线性规划问题无可行解、有唯一可行解、有无穷多个可行解。

首先,线性规划标准形式约束条件的主体是一个线性方程组,另外加一个非负条件。

$$\min z = c_1 x_1 + c_2 x_2 + \cdots + c_n x_n$$
$$\begin{cases} a_{11} x_1 + a_{12} x_2 + \cdots + a_{1n} x_n = b_1 \\ a_{21} x_1 + a_{22} x_2 + \cdots + a_{2n} x_n = b_2 \\ \vdots \\ a_{m1} x_1 + a_{m2} x_2 + \cdots + a_{mn} x_n = b_m \\ x_1, x_2, \cdots, x_n \geqslant 0 \end{cases}$$

若先不考虑非负条件,这个线性方程组可变为

$$\begin{cases} a_{11} x_1 + a_{12} x_2 + \cdots + a_{1n} x_n = b_1 \\ a_{21} x_1 + a_{22} x_2 + \cdots + a_{2n} x_n = b_2 \\ \vdots \\ a_{m1} x_1 + a_{m2} x_2 + \cdots + a_{mn} x_n = b_m \end{cases}$$

与线性规划问题的可行域有如图 3 - 1 所示对应关系。

定理 3 - 2 线性规划标准形式的可行域等于其约束条件组成的线性方程组的非负解集。

根据线性方程组解的理论,线性方程组的解有以下几种情况:(1)无解,$R(\boldsymbol{A}) <$

图 3 - 1 线性规划可行域与线性方程组
解集之间的对应关系

$R(\boldsymbol{A}, \boldsymbol{b})$。(2) 唯一最优解，$R(\boldsymbol{A})=R(\boldsymbol{A}, \boldsymbol{b})=n$。(3) 无穷多最优解，$R(\boldsymbol{A})=R(\boldsymbol{A}, \boldsymbol{b})<n$。其中，$\boldsymbol{A}=[a_{ij}]$；$\boldsymbol{b}=[b_i]$；$i=1, \cdots, m$；$j=1, \cdots, n$；$R(\cdot)$ 代表矩阵的秩。

因此，根据定理 3-2，可以有以下结论：

(1) 若线性规划标准形式约束条件构成的线性方程组无解，则线性规划问题无解。

(2) 若此线性方程组有唯一非负解，则这个解是线性规划问题可行解也是最优解；若此线性方程组有唯一解，但是负数，则线性规划问题无解。

(3) 若此线性方程组有无穷多非负解，则线性规划问题有可能有无穷多可行解，这种情况是线性规划研究的重点。

3.2.2　基解

我们考虑 $m<n$ 的情形，线性方程组将可能有无穷多个解。无穷多个解怎么办呢？使用遍历比较的办法显然不行。

在这种情况下，根据生成测试范例的朴素优化思想，我们可以往可解的方向碰碰运气。如果令任意 $n-m$ 个变量取特定值(如取 0)，把它们看作常量，移动到等式的右边，得

$$\begin{cases} a_{11}\,x_1 + a_{12}\,x_2 + \cdots + a_{1m}\,x_m = b_1 - \sum_{i=m+1}^{n} a_{1i}\,x_i \\ a_{21}\,x_1 + a_{22}\,x_2 + \cdots + a_{2m}\,x_m = b_2 - \sum_{i=m+1}^{n} a_{2i}\,x_i \\ \qquad\qquad\vdots \\ a_{m1}\,x_1 + a_{m2}\,x_2 + \cdots + a_{mm}\,x_m = b_m - \sum_{i=m+1}^{n} a_{mi}\,x_i \end{cases} \qquad (3-1)$$

这样方程组就可解了。

定义 3-6　如果将 $n-m$ 个变量取值为 0，对线性规划标准形式约束条件构成的线性方程组求解，若能得到唯一解，则称此解为线性规划问题的基解，如果基解满足非负条件，则称为基可行解，取值为 0 的 $n-m$ 个决策变量称为非基变量，等式左边的 m 个决策变量称为基变量，基变量对应的系数矩阵的列称为基向量，基向量组成的矩阵称为线性规划问题的基。

例如，对于线性方程组(3-1)，若有唯一解，则其所对应的线性规划问题的基为

$$\boldsymbol{B} = \begin{bmatrix} a_{11} & a_{12} & \cdots & a_{1m} \\ a_{21} & a_{22} & \cdots & a_{2m} \\ \vdots & \vdots & & \vdots \\ a_{m1} & a_{m2} & \cdots & a_{mm} \end{bmatrix} = (\boldsymbol{P}_1, \boldsymbol{P}_2, \cdots, \boldsymbol{P}_m)$$

其中，$\boldsymbol{P}_i$ 为基向量，与基向量 $\boldsymbol{P}_i$ 相应的变量 x_i 为基变量，否则称为非基变量。

虽然基解看似得来全不费工夫，但是对于求解具有重要的意义，因为通过 3.2.3 节的三个定理我们会看到，线性规划问题的最优解一定是基解，并且由于基解的数量是有限的(想一想为什么?)，因此它可以将问题的寻优空间从无穷缩减到有限。

3.2.3　基解三定理

定理 3-3　若线性规划问题存在可行域，则一定是凸集。

前导知识：凸集 K 是 n 维欧氏空间的一个点集，满足以下性质：若任意两点 $\boldsymbol{k}^1$，$\boldsymbol{k}^2 \in K$，则连线上的所有点 $\alpha \boldsymbol{k}^1 + (1-\alpha)\boldsymbol{k}^2 \in K$，$0 \leqslant \alpha \leqslant 1$。

线性规划的可行域为

$$K = \left\{ x \mid \sum_{j=1}^{n} \boldsymbol{P}_j x_j = \boldsymbol{b}, x_j \geqslant 0 \right\}$$

若可行域不为空，且可行域内的任意两个点

$$\boldsymbol{k}^1 = [k_1^1, k_2^1, \cdots, k_n^1]$$
$$\boldsymbol{k}^2 = [k_1^2, k_2^2, \cdots, k_n^2]$$

满足以下条件：

$$\sum_{j=1}^{n} \boldsymbol{P}_j k_j^1 = \boldsymbol{b}, k_j^1 \geqslant 0$$

$$\sum_{j=1}^{n} \boldsymbol{P}_j k_j^2 = \boldsymbol{b}, k_j^2 \geqslant 0$$

则两点连线上的任意点可以表示为

$$\boldsymbol{k} = \alpha \boldsymbol{k}^1 + (1-\alpha)\boldsymbol{k}^2, 0 \leqslant \alpha \leqslant 1$$

它满足约束条件：

$$\sum_{j=1}^{n} \boldsymbol{P}_j k_j = \sum_{j=1}^{n} \boldsymbol{P}_j (\alpha \boldsymbol{k}^1 + (1-\alpha)\boldsymbol{k}^2) = \alpha \sum_{j=1}^{n} \boldsymbol{P}_j k_j^1 + (1-\alpha) \sum_{j=1}^{n} \boldsymbol{P}_j k_j^2 = \boldsymbol{b}$$

另外，非负条件也是满足的，因此有结论：$k \in K$。

定理 3-4 若线性规划问题的可行域有界，则一定可在此凸集的顶点上达到最优。

凸集 K 的顶点，不会位于 K 中任何两个不同点的连线上，也就是不能用凸集中两个不同点的线性组合表示。设 $\boldsymbol{X}^{(1)}$，$\boldsymbol{X}^{(2)}$，$\cdots$，$\boldsymbol{X}^{(N)}$ 是可行域的顶点，设线性规划在某个非顶点的点 $\boldsymbol{X}^{(0)}$ 处达到最大，$z^* = \boldsymbol{C}\boldsymbol{X}^{(0)}$，因为 $\boldsymbol{X}^{(0)}$ 不是顶点，因此它可以用 K 的顶点线性表示为

$$\boldsymbol{X}^{(0)} = \sum_{i=1}^{N} \alpha_i \boldsymbol{X}^{(i)}, \alpha_i > 0, \sum_{i=1}^{N} \alpha_i = 1$$

因此，

$$\boldsymbol{C}\boldsymbol{X}^{(0)} = \boldsymbol{C} \sum_{i=1}^{N} \alpha_i \boldsymbol{X}^{(i)} \leqslant \sum_{i=1}^{N} \alpha_i \boldsymbol{C}\boldsymbol{X}^{(I)} = \boldsymbol{C}\boldsymbol{X}^{(I)}$$

其中，$I = \arg\max\{\boldsymbol{C}\boldsymbol{X}^{(i)} \mid i = 1, 2, \cdots, N\}$。

根据假设，$z^* = \boldsymbol{C}\boldsymbol{X}^{(0)} \geqslant \boldsymbol{C}\boldsymbol{X}^{(I)}$，所以得到

$$\boldsymbol{C}\boldsymbol{X}^{(0)} = \boldsymbol{C}\boldsymbol{X}^{(I)}$$

也就是目标函数在顶点 $\boldsymbol{X}^{(I)}$ 处也达到最大值。

定理 3-5 线性规划的可行域的顶点与基可行解一一对应。

不失一般性，假设线性规划的基可行解 $\boldsymbol{X}$ 为

$$\sum_{j=1}^{m} \boldsymbol{P}_j x_j = \boldsymbol{b}$$

此定理包含两个方面的含义：（1）若 $\boldsymbol{X}$ 是基可行解，则 $\boldsymbol{X}$ 一定是可行域的顶点；（2）若 $\boldsymbol{X}$ 是可行域的顶点，则 $\boldsymbol{X}$ 一定是基可行解。下面分别从其逆否命题的角度进行反证。

（1）若 $\boldsymbol{X}$ 不是可行域的顶点，则 $\boldsymbol{X}$ 一定不是基可行解。

因为 $\boldsymbol{X}$ 不是可行域的顶点，因此在可行域中存在不同的两点 $\boldsymbol{X}^{(1)}$ 和 $\boldsymbol{X}^{(2)}$ 使

$$X = \alpha X^{(1)} + (1-\alpha)X^{(2)}, \quad 0 < \alpha < 1$$

因为

$$AX^{(1)} = \sum_{i=1}^{n} P_i x_i^{(1)} = b$$

$$AX^{(2)} = \sum_{i=1}^{n} P_i x_i^{(2)} = b$$

所以

$$\sum_{i=1}^{n} P_i x_i^{(1)} - \sum_{i=1}^{n} P_i x_i^{(2)} = \sum_{i=1}^{n} P_i (x_i^{(1)} - x_i^{(2)}) = 0$$

那么必有结论

$$\{(x_i^{(1)} - x_i^{(2)}), i = 1, 2, \cdots, m\}\text{不全为零}$$

否则有

$$x_i^{(1)} = x_i^{(2)} = x_i, i = 1, \cdots, m$$
$$\alpha x_i^{(1)} + (1-\alpha)x_i^{(2)} = 0, i = m+1, \cdots, n$$

根据非负条件，必有

$$x_i^{(1)} = x_i^{(2)} = 0, i = m+1, \cdots, n$$

也就是

$$X = X^{(1)} = X^{(2)}$$

与假设矛盾。

（2）若 X 不是基可行解，则 X 一定不是可行域的顶点。

若 X 不是基可行解，则其正分量所对应的系数列向量 $P_1, P_2, \cdots, P_m$ 线性相关，即存在一组不全为 0 的数 $\alpha_1, \alpha_2, \cdots, \alpha_m$ 使

$$\alpha_1 P_1 + \alpha_2 P_2 + \cdots + \alpha_m P_m = 0$$

用 $\mu > 0$ 乘以约束方程再分别与上式相加和相减，得到

$$(x_1 - \mu\alpha_1)P_1 + (x_2 - \mu\alpha_2)P_2 + \cdots + (x_m - \mu\alpha_m)P_m = b$$
$$(x_1 + \mu\alpha_1)P_1 + (x_2 + \mu\alpha_2)P_2 + \cdots + (x_m + \mu\alpha_m)P_m = b$$

现取

$$X^{(1)} = [(x_1 - \mu\alpha_1), (x_2 - \mu\alpha_2), \cdots, (x_m - \mu\alpha_m), 0, \cdots, 0]$$
$$X^{(2)} = [(x_1 + \mu\alpha_1), (x_2 + \mu\alpha_2), \cdots, (x_m + \mu\alpha_m), 0, \cdots, 0]$$

而

$$X = 0.5X^{(1)} + 0.5X^{(2)}$$

也就是 X 位于 $X^{(1)}$ 和 $X^{(2)}$ 的连线上，同时由于当 μ 充分小的时候，可以保证 $X^{(1)}$ 和 $X^{(2)}$ 的非负性，也就是 $X^{(1)}$ 和 $X^{(2)}$ 是可行域中的两个不同的点，因此 X 一定不是顶点。

3.2.4 基解的枚举

这样，由于最优解一定是基解，基解的数量是有限的，因此可以使用枚举法求解线性规划标准形式，步骤为：

步骤 1：在 n 个决策变量中，选择 m 个决策变量作为基变量，其他变量取 0，求线性规划标准形式隐含的线性规划方程组，若得到唯一解，则此唯一解就是基解，若非负，则是基可行解。

步骤 2：循环执行步骤 1 直到找出所有的基可行解，对比其目标函数，使目标函数达

到最优的即为最优解。

步骤1执行的次数为C_n^m，因此线性规划问题最优解的搜索空间从无穷可以缩减到有限。但是对许多大型的线性规划问题来讲，如果想把所有的基解都罗列出来是不可能的。

例 3 - 4 对如下的线性规划一般形式的模型：

$$\max z = 5x_1 + 7x_2$$
$$6x_1 + 3x_2 \leqslant 23$$
$$x_1 + 2x_2 \leqslant 6$$
$$x_1, x_2 \geqslant 0$$

（1）将其可行域在二维坐标系中表示出来。

（2）将一般形式转换为标准形式，并计算其所有的基解。

（3）对比基解与可行域在二维坐标系中的顶点的关系。

因为每个约束条件不等式都代表二维平面上的一个半平面，因此，这些半平面的交集构成线性规划问题的可行域，利用软件 QM for Windows 画出来的可行域如图 3 - 2 所示。

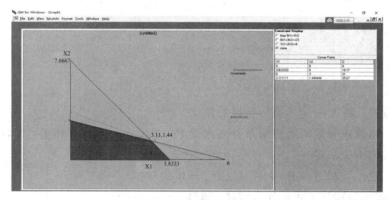

图 3 - 2　图解法实例

将其转换为标准形式为

$$\min z = -5x_1 - 7x_2 + 0x_3 + 0x_4$$
$$6x_1 + 3x_2 + x_3 \leqslant 23$$
$$x_1 + 2x_2 + x_4 \leqslant 6$$
$$x_1, x_2, x_3, x_4 \geqslant 0$$

利用基解的求解方法可得，基解、基可行解及其对应的目标函数值如表 3 - 1 所示。

表 3 - 1　例 3 - 4 的基解、基可行解及其对应的目标函数值

	基　　解	基可行解	目标函数值
1	[0，0，23，6]	[0，0，23，6]	0
2	[28/9，13/9，0，0]	[28/9，13/9，0，0]	231/9
3	[6，0，−13，0]		
4	[23/6，0，0，13/6]	[23/6，0，0，13/6]	115/6
5	[0，3，14，0]	[0，3，14，0]	21
6	[0，23/3，0，−28/3]		

通过对比可以发现，这个问题的基可行解与可行域的顶点具有一一对应关系。

3.2.5 基解的启发寻优

采用启发式算法寻找最优解的基本流程如图 3-3 所示。

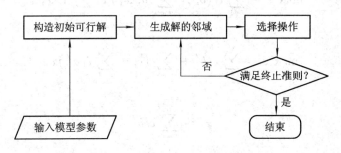

图 3-3 基解的启发寻优过程框架

其中，解 x 的邻域 $N(x)$ 是可行解集合 F 的一个子集（一般很小），含有某种意义上离 x "近"的解。在选择操作中，启发式方法在其邻域 $N(x)$ 的解中按照某种规则选择后继解，替换某个当前解并重复上述操作。

算法的关键在于生成当前解的邻域，也就是在当前解的基础上，确定下一步搜索的范围。单纯形法在当前解的基础上，将与当前基解差别一个基变量的基解集合作为邻域，并从中选择最优的作为下一步迭代计算的当前解，而这样的启发式求解方法是能够得到线性规划最优解的。

3.3 单 纯 形 法

单纯形法从任一个基可行解开始，生成邻域，在邻域中选择一个最优解（或者更好的解也行）作为当前解，然后迭代地进行计算，直到无法改进为止。

3.3.1 起点

单纯形法可以选择任意基可行解作为搜索的起点。为了方便，可以直接在系数矩阵中找出或者通过初等变换得到一个单位子矩阵，其所对应的变量作为初始可行基变量。

3.3.2 邻域中的改进解

在邻域中寻找改进解的步骤，可以分解为换入一个基变量和换出一个基变量两个操作，换入的基变量要保证当前解得到改进。

1. 换入基的确定

根据约束条件，非基变量可以使用基变量来表示。因此，在约束条件中，将非基变量移动到等式右边，求得基变量的表达形式为

$$x_i = b_i' - \sum_{j=m+1}^{n} a_{ij}' x_j, \ i = 1, 2, \cdots, m$$

并将其代入目标函数中，得到使用非基变量表达的目标函数

$$\max z = \sum_{i=1}^{m} c_i \left(b_i' - \sum_{j=m+1}^{n} a_{ij}' x_j \right) + \sum_{j=m+1}^{n} c_j x_j$$

也即

$$\max z = \sum_{i=1}^{m} c_i b_i' + \sum_{j=m+1}^{n} \left(c_j - \sum_{i=1}^{m} c_i a_{ij}' \right) x_j$$

令

$$z_0 = \sum_{i=1}^{m} c_i b_i'$$

$$z_j = \sum_{i=1}^{m} c_i a_{ij}'$$

得到

$$\max z = z_0 + \sum_{j=m+1}^{n} (c_j - z_j) x_j$$

再令

$$\sigma_j = c_j - z_j$$

则

$$\max z = z_0 + \sum_{j=m+1}^{n} \sigma_j x_j$$

目标函数中系数 σ_j 为正的非基变量进基的话，可以使目标函数增大，σ_j 也称为单纯形法求解的检验数。

换入基操作：利用非基变量表示目标函数，非基变量 x_j 的系数 σ_j 作为检验数，即

$$\sigma_j = c_j - z_j = c_j - \sum_{i=1}^{m} c_i a_{ij}'$$

检验数 σ_j 为正的非基变量进基。

2. 换出基的确定

待换入新的基变量，从无到有，会导致当前基变量的联动变化，最先降低到 0 的原先基变量出基。根据约束条件，当前基变量 x_i 与待换入基变量 x_k 的关系为

$$x_i = b_i' - a_{ik}' x_k \geqslant 0, \ i = 1, 2, \cdots, m; \ k = m+1, \cdots, n$$

因此有待换入基变量 x_k 入基后的取值范围为

$$0 \leqslant x_k \leqslant \frac{b_i'}{a_{ik}'}, \ i = 1, 2, \cdots, m$$

也即

$$0 \leqslant x_k \leqslant \min_i \left\{ \frac{b_i'}{a_{ik}'} \mid a_{ik}' > 0 \right\}$$

当待换入基变量 x_k 取最大值时，有一个对应的当前基变量降低为 0，即

$$x_l = 0$$

34

$$l = \underset{i}{\mathrm{argmin}} \left\{ \frac{b_i'}{a_{ik}'} \mid a_{ik}' > 0, \, i = 1, \cdots, m \right\}$$

根据非基变量的定义，x_l可以作为非基变量出基。

换出基操作：确定了换入基变量之后，利用

$$l = \underset{i}{\mathrm{argmin}} \left\{ \frac{b_i'}{a_{ik}'} \mid a_{ik}' > 0 \right\}$$

确定换出基变量x_l。

3.3.3 终止

当所有的检验数σ_j均小于等于 0 的时候，非基变量无法进基，目标函数无法得到进一步的改进，算法终止。

3.3.4 算例

例 3-5 对于如下的线性规划标准形式：

$$\max z = 5x_1 + 7x_2 + 0x_3 + 0x_4$$
$$6x_1 + 3x_2 + x_3 + 0x_4 = 23$$
$$x_1 + 2x_2 + 0x_3 + x_4 = 6$$
$$x_1, x_2, x_3, x_4 \geqslant 0$$

系数矩阵为

$$A = \begin{bmatrix} 6 & 3 & 1 & 0 \\ 1 & 2 & 0 & 1 \end{bmatrix} = [P_1, P_2, P_3, P_4]$$

步骤 1：确定起点。要寻找一个初始的基可行解，就是要选择两个变量作基变量并具体求解。从计算简单的角度考虑，我们可以优先选择x_3和x_4作为基变量，将非基变量x_1和x_2取值为 0 得到

$$x_3 = 23 - 6x_1 - 3x_2$$
$$x_4 = 6 - x_1 - 2x_2$$

也即

$$X^{(0)} = [0, 0, 23, 6]$$

以上数据在单纯形表中列出如表 3-2 所示。

表 3-2 初始单纯形表

c_j		5 x_1	7 x_2	0 x_3	0 x_4	b_i'
	检验数σ_j	5	7	0	0	
0	基变量x_3	6	3	1	0	23
0	基变量x_4	1	2	0	1	6

步骤 2：通过换入基和换出基操作，得到一个改进的基可行解。所有与基x_3，x_4相邻的基如表 3-3 所示。

表 3-3 当前的基及其相邻的基

当前的基	相邻的基	换基的效果
x_3，x_4	x_1，x_4	x_1进基，从无到有；x_4出基，从有到无
	x_2，x_4	x_2进基，从无到有；x_4出基，从有到无
	x_3，x_1	x_1进基，从无到有；x_3出基，从有到无
	x_3，x_2	x_2进基，从无到有；x_3出基，从有到无

利用非基变量表示目标函数得

$$\max z = 5\,x_1 + 7\,x_2$$

因此，从换基的效果来讲，选择x_1或者x_2进基都可以使目标函数增加（想一想为什么？）。在这里，我们可以选择x_2进基，将其称为待换入基变量。

基变量x_3，x_4与待换入基变量x_2的关系为

$$x_3 = 23 - 3\,x_2 \geqslant 0$$
$$x_4 = 6 - 2\,x_2 \geqslant 0$$

因此有待换入基变量x_2入基后的取值范围为

$$0 \leqslant x_2 \leqslant \min\left\{\frac{23}{3}, \frac{6}{2}\right\} = 3$$

当待换入基变量x_2取最大值时，有一个对应的当前基变量降低为 0。

$$x_4 = 0$$
$$l = \underset{i}{\mathrm{argmin}}\left\{\frac{b_i'}{a_{ik}'} \mid a_{ik}' > 0,\ i = 1, \cdots, m\right\} = 4$$

根据非基变量的定义，x_4可以作为非基变量出基。

将以上计算过程的数据整理到单纯形表中，如表 3-4 所示。

表 3-4 单纯形表的确定换入基和换出基 1

c_j		5	7	0	0		$\dfrac{b_i'}{a_{ik}'}\Big\| a_{ik}' > 0$
		x_1	x_2	x_3	x_4	b_i'	
	检验数σ_j	5	7	0	0		
0	基变量x_3	6	3	1	0	23	23/3
0	基变量x_4	1	2	0	0	6	2

将换入基变量x_2和换出基变量x_4进行调换，得到表 3-5。

表 3-5 单纯形表换基的操作 1

c_j		5	7	0	0		$\dfrac{b_i'}{a_{ik}'}\Big\| a_{ik}' > 0$
		x_1	x_2	x_3	x_4	b_i'	
	检验数σ_j	5	7	0	0		
0	基变量x_3	6	3	1	0	23	23/3
0	基变量x_2	1	2	0	1	6	2

步骤 3：通过换入基和换出基操作，得到下一个改进的基可行解。所有与基x_3，x_2相邻的基如表 3-6 所示。

表 3-6 当前的基及其相邻的基

当前的基	相邻的基	换基的效果
x_3，x_2	x_1，x_2	x_1 进基，从无到有；x_2 出基，从有到无
	x_4，x_2	x_4 进基，从无到有；x_2 出基，从有到无
	x_1，x_3	x_1 进基，从无到有；x_3 出基，从有到无
	x_4，x_3	x_4 进基，从无到有；x_3 出基，从有到无

根据约束条件中基变量与非基变量之间的关系，使用非基变量表示目标函数得

$$\max z = 1.5\,x_1 - 3.5\,x_4 + 14$$

从换基的效果来讲，选择 x_1 进基可以使目标函数值增加，x_4 进基可以使目标函数值降低。因此选择 x_1 进基，当前待换入基变量为 x_1。

根据约束条件可得，基变量 x_3，x_2 与待换入基变量 x_1 的关系为

$$x_3 = 14 - 4.5\,x_1 \geqslant 0$$
$$x_2 = 3 - 0.5\,x_1 \geqslant 0$$

因此有待换入基变量 x_1 入基后的取值范围为

$$0 \leqslant x_2 \leqslant \min\left\{\frac{14}{4.5}, \frac{3}{0.5}\right\} = \frac{14}{4.5}$$

当待换入基变量 x_1 取最大值时，有一个对应的当前基变量降低为 0，即

$$x_3 = 0$$

$$l = \underset{i}{\arg\min}\left\{\frac{b_i'}{a_{ik}'} \mid a_{ik}' > 0,\ i = 1, \cdots, m\right\} = 3$$

根据非基变量的定义，x_3 可以作为非基变量出基。

对表 3-6 进行初等变换，令基变量对应的系数列向量为单位向量，并重新计算检验数

$$\sigma_j = (c_j - z_j) = c_j - \sum_{i=1}^{m} c_i a_{ij}'$$

从而得到表 3-7。

表 3-7 单纯形表的计算及换入换出基的判断

c_j		5 x_1	7 x_2	0 x_3	0 x_4	b_i'	$\frac{b_i'}{a_{ik}'} \mid a_{ik}' > 0$
	检验数 σ_j	1.5	0	0	-3.5		
0	基变量 x_3	4.5	0	1	-1.5	14	14/4.5
7	基变量 x_2	0.5	1	0	0.5	3	3/0.5

将换入基变量 x_1 和换出基变量 x_3 进行调换，得到表 3-8。

表 3-8 单纯形表换基的操作 2

c_j		5 x_1	7 x_2	0 x_3	0 x_4	b_i'	$\frac{b_i'}{a_{ik}'} \mid a_{ik}' > 0$
	检验数 σ_j	1.5	0	0	-3.5		
5	基变量 x_1	4.5	0	1	-1.5	14	14/4.5
7	基变量 x_2	0.5	1	0	0.5	3	3/0.5

步骤 4：通过换入基和换出基操作，得到下一个改进的基可行解。所有与基 x_1，x_2 相邻的基如表 3-9 所示。

表 3-9　当前的基及其相邻的基

当前的基	相邻的基	换基的效果
x_1，x_2	x_1，x_3	x_3 进基，从无到有；x_1 出基，从有到无
	x_1，x_4	x_4 进基，从无到有；x_1 出基，从有到无
	x_2，x_3	x_3 进基，从无到有；x_2 出基，从有到无
	x_2，x_4	x_4 进基，从无到有；x_2 出基，从有到无

根据约束条件中基变量与非基变量之间的关系，使用非基变量表示目标函数得

$$\max z = -\frac{1}{3} x_3 - 3 x_4$$

从换基的效果来讲，选择 x_3 或者 x_4 进基均使目标函数值降低，因此算法停止。

对表 3-9 进行初等变换，令基变量对应的系数列向量为单位向量，并重新计算检验数

$$\sigma_j = (c_j - z_j) = c_j - \sum_{i=1}^{m} c_i a_{ij}'$$

从而得到表 3-10。

表 3-10　单纯形表的计算

c_j		5 x_1	7 x_2	0 x_3	0 x_4	b_i'	$\dfrac{b_i'}{a_{ik}'}\Big|a_{ik}'>0$
	检验数 σ_j	0	0	−1/3	−3		
5	基变量 x_1	1	0	2/9	−1/3	28/9	
7	基变量 x_2	0	1	−1/9	2/3	13/9	

此时的基可行解为最优解：

$$X^{(2)} = [28/9, 13/9, 0, 0]$$

3.4 对偶问题

3.4.1 机会成本与影子价格

模型是对问题的选择性抽象，其局限性表现在即使求解得到最优方案，执行起来却未必能够使我们保持竞争力。这里首先介绍一下机会成本的概念。

定义 3-7　机会成本是当投资者、个人或企业决策时选择某种方案而不是另一种方案时，错过或放弃的收益。

例 3-6　假设你的公司使用 A 和 B 两种原料生产 C、D 两种油漆，表 3-11 提供了基本数据。

表 3-11　公司生产油漆的基本数据

	每吨产品使用原料的吨数		日最大可用量/吨
	油漆 C	油漆 D	
原料 A	6	4	24
原料 B	1	2	6
每吨利润/万元	5	4	

请问怎么确定最好的 C、D 油漆产品混合，使你的日总利润最大？

假设生产 C、D 油漆的数量分别为 x_1 和 x_2，则上述问题可以建立以下线性规划模型

$$\max z = 5x_1 + 4x_2$$
$$\begin{cases} 6x_1 + 4x_2 \leqslant 24 \\ x_1 + 2x_2 \leqslant 6 \\ x_1, x_2 \geqslant 0 \end{cases}$$

利用单纯形法可以很容易求得问题的最优解为 $x_1 = 3$，$x_2 = 1.5$，$z = 21$。

但是仅就获取利润来讲，如果另外一个经理时刻关注着原材料的市场价格 y_1 和 y_2，当市场价格达到某个水平时，他可以选择不生产，而直接卖掉原材料，却可以获得更大的利润，这个多获得的利润就是用原材料进行生产而不是直接卖掉的机会成本。例如，原材料 1 和原材料 2 的价格满足以下约束：

$$6y_1 + y_2 \geqslant 5$$
$$4y_1 + 2y_2 \geqslant 4$$

则自己生产的利润是要小于直接把原材料卖掉所获得的利润的，辛辛苦苦生产的还不如将原材料直接卖掉的企业挣得多，如图 3-4 所示。

其中阴影部分的价格组合均可以使工厂获得超出生产可获得的收入，但是在实际的有效配置的市场中，仅仅在影子价格处，也就是机会成本最小的地方，价格才最稳定。这个价格反映了原材料用于生产时转化成经济效益的效率，反映了原材料在生产中对总收入的边际贡献，反映了原材料的稀缺程度和真实价值。

影子价格使用如下模型求得

$$\min z = 24y_1 + 6y_2 - 21$$
$$6y_1 + y_2 \geqslant 5$$
$$4y_1 + 2y_2 \geqslant 4$$
$$y_1, y_2 \geqslant 0$$

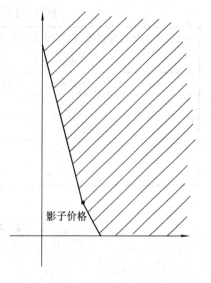

图 3-4　影子价格

而这个模型，由于和原线性规划模型有着十分漂亮和规整的关系，称为原线性规划问题的对偶问题。

3.4.2　对偶问题的模型

一般地，对于如下线性规划模型

目标函数 $\max z = c_1 x_1 + c_2 x_2 + \cdots + c_n x_n$

约束条件
$$\begin{cases} a_{11} x_1 + a_{12} x_2 + \cdots + a_{1n} x_n \leqslant b_1 \\ a_{21} x_1 + a_{22} x_2 + \cdots + a_{2n} x_n \leqslant b_2 \\ \quad\quad\quad\quad \vdots \\ a_{m1} x_1 + a_{m2} x_2 + \cdots + a_{mn} x_n \leqslant b_m \\ x_1, x_2, \cdots, x_n \geqslant 0 \end{cases}$$

其对偶问题模型为

目标函数 $\min z = b_1 y_1 + b_2 y_2 + \cdots + b_m y_m$

约束条件
$$\begin{cases} a_{11} y_1 + a_{21} y_2 + \cdots + a_{m1} y_m \geqslant c_1 \\ a_{12} y_1 + a_{22} y_2 + \cdots + a_{m2} y_m \geqslant c_2 \\ \quad\quad\quad\quad \vdots \\ a_{1n} y_1 + a_{2n} y_2 + \cdots + a_{mn} y_m \geqslant c_n \\ y_1, y_2, \cdots, y_m \geqslant 0 \end{cases}$$

更为一般地，任意形式的线性规划都可以通过以下变换规则得到其对应的对偶问题。

（1）原问题的约束条件和对偶问题的决策变量一一对应，原问题约束条件的右端常数作为对偶问题的目标函数系数；

（2）原问题的决策变量和对偶问题的约束条件一一对应，原问题的目标函数系数作为对偶问题约束条件的右端常数项，原问题的系数矩阵转置后等于对偶问题的系数矩阵；

（3）原问题为最大化（最小化），则对偶问题为最小化（最大化）；

（4）约束与变量之间对应的不等式方向的变换规则如表 3-12 所示。

表 3-12　原问题与对偶问题转换规则

原问题最大化目标函数（对偶问题最大化目标函数）	对偶问题最小化目标函数（原问题最小化目标函数）
约束 $\geqslant$	变量 $\leqslant 0$
约束 $\leqslant$	变量 $\geqslant 0$
约束 $=$	无限制
变量 $\geqslant 0$	约束 $\geqslant$
变量 $\leqslant 0$	约束 $\leqslant$
变量无限制	约束 $=$

3.5　运　输　问　题

3.5.1　真假运输问题

1. 真运输问题

本章所述的运输问题，是最简单的运输问题，运输的货物是单一无差别的，不同的产地产量不同，不同的销地需求量不同，不同产地和销地之间的运输费用也不同，在这样的情况下，确定不同产地到不同销地之间的供应量，使运输费用最小。

例 3 - 7 三个炼油厂的日炼油能力分别为 600 万升、500 万升和 800 万升，所供应三个分销区域的日需求量分别为 400 万升、800 万升和 700 万升。汽油通过输油管线被运送到分销区域。管线每公里运送 1 万升的运费为 100 元。表 3 - 13 给出了炼油厂到分销区域的里程表。其中炼油厂 1 与分销区域 3 不相连。

表 3 - 13 不同炼油厂和分销区域之间的运输里程表

	分销区域 1	分销区域 2	分销区域 3
炼油厂 1	120	180	
炼油厂 2	300	100	80
炼油厂 3	200	250	120

例 3 - 8 为确保飞行安全，飞机发动机需定时更换进行大修。现有三个航修厂和四个机场。三个航修厂 A_1、A_2、A_3 的月修复量分别为 7 台、4 台、9 台；四个机场 B_1、B_2、B_3、B_4 的月需求量为 3 台、6 台、5 台、6 台。各航修厂到各机场的单位运价(万元)如表 3 - 14 所示。问应如何调运发动机完成运输任务而使运费最省。

表 3 - 14 机场到航修厂的单位运价表

航修厂＼机场	B_1	B_2	B_3	B_4
A_1	3	11	3	10
A_2	1	9	3	8
A_3	7	4	10	5

2. 假运输问题

有一些问题虽然表面上看着不是运输问题，但是可以建立运输问题的类比模型，因此，我们称之为假运输问题。

例 3 - 9 一种小型发动机未来五个月的需求量分别为 200 台、150 台、300 台、250 台、480 台。生产商对这五个月的生产能力估计为 180 台、230 台、430 台、300 台、300 台。不允许延期交货，但在必要的情况下生产商可安排加班满足当前需求。每个月的加班生产能力是正常生产能力的一半。五个月的单位生产费用分别为 100 元、96 元、116 元、102 元、106 元。加班生产的费用比正常生产的费用高 50%。如果当月生产的发动机在以后月使用，则每台发动机每个月的额外储存费用为 4 万元。为问题建立一个运输模型并确定每个月正常生产和加班生产发动机的数量。

3.5.2 运输问题模型

为了便于对运输问题的分析，一般可以使用表或者图更加直观地表示问题的数量关系，同时，在表上，可以将单纯形法直观化，我们称之为运输问题的表上作业法，在图上，如果将运输物品看作弧上的流，可以使用网络最优化中的最小费用流算法进行求解。

1. 线性规划模型

设 x_{ij} 和 c_{ij} 为产地 i 到销地 j 的物品运输量和单位运价，s_i 为产地 i 的产量，d_j 为销地 j

的需求量,则运输问题的线性规划模型如下:

$$\min z = \sum_{i=1}^{m}\sum_{j=1}^{n} c_{ij} x_{ij}$$

$$\sum_{i=1}^{m} x_{ij} = d_j$$

$$\sum_{j=1}^{n} x_{ij} = s_i$$

$$x_{ij} \geqslant 0$$

其系数矩阵具有如下形式:

x_{11}	x_{12}	...	x_{1n}	...	x_{m1}	...	x_{mn}	b_i'
c_{11}	c_{12}	...		...		...	c_{mn}	
1	1	...	1	...	0	...	0	s_1
0	0	...	0	...	0	...	0	s_2
...	...	...	...	...	...	...	...	...
0	0	...	0	...	1	...	1	s_m
1	0	...	0	...	1	...	0	d_1
0	1	...	0	...	0	...	0	d_2
...	...	...	...	...	...	...	...	...
0	0	...	1	...	0	...	1	d_n

2. 表模型

运输表模型,就是在运输费用表的基础上,拓展而成的一个表,其基本框架如表 3－15 所示。

表 3－15　运输问题表模型

	销地 1	...	销地 n	供应量
产地 1	0		c_{1n}	s_1
...				
产地 m	c_{m1}		0	s_m
需求量	d_1		d_n	

因此,例 3－7 就可以建立如表 3－16 所示的运输表模型。

表 3－16　例 3－7 的运输表模型

	分销区域 1	分销区域 2	分销区域 3	供应量
炼油厂 1	12 000	18 000		600
炼油厂 2	30 000	10 000	8000	500
炼油厂 3	20 000	25 000	12 000	800
需求量	400	800	700	

例 3-8 的运输表模型如表 3-17 所示。

表 3-17　例 3-8 的运输表模型

航修厂＼机场	B_1	B_2	B_3	B_4	供应量
A_1	3	11	3	10	7
A_2	1	9	3	8	4
A_3	7	4	10	5	9
需求量	3	6	5	6	

对于例 3-9 来讲，要建立运输表模型，就要确定产地、销地、单位运价以及供应量和需求量等表中的基本要素。产地和销地分别有五个，代表五个月份，i 月到 j 月的单位运价就是 i 月生产一个发动机 j 月用的总的费用，这个总的费用要包含正常生产费用、加班费用、储存费用等因素。其中，空白区域对应的产地和销地无法到达，所建立的运输表模型如表 3-18 所示。

表 3-18　例 3-9 的运输表模型

	一月	二月	三月	四月	五月	供应量
一月正常生产	100	100＋4	100＋8	100＋12	100＋16	180
一月加班生产	1.5×100	1.5×100＋4	1.5×100＋8	1.5×100＋12	1.5×100＋16	90
二月正常生产		96	96＋4	96＋8	96＋12	230
二月加班生产		1.5×96	1.5×96＋4	1.5×96＋8	1.5×96＋12	115
三月正常生产			116	116＋4	116＋8	430
三月加班生产			1.5×116	1.5×116＋4	1.5×116＋8	215
四月正常生产				102	102＋4	300
四月加班生产				1.5×102	1.5×102＋4	150
五月正常生产					116	300
五月加班生产					1.5×116	150
需求量	200	150	300	250	480	

3. 图模型

所谓图模型，就是将产地和销地用图上的点来表示，点上有数字代表供应量或者需求量，使产地和销地之间的边来表示运输关系，边上的权重表示单位运价。

例 3-7 的运输图模型如图 3-5 所示，其中从 s 点到炼油厂的边上的容量为炼油厂的产量，单位运价为 0；从分销区域到 t 的边上的容量为分销区域的需求量，单位运价为 0；从炼油厂到分销区域的其他边上的容量没有限制，单位运价为两者之间的单位运价。

例 3-8 的运输图模型如图 3-6 所示。其中从 s 点到航修厂的边上的容量为月修复量，单位运价为 0；从机场到 t 的边上的容量为机场的需求量，单位运价为 0；从航修厂到机场的其他边上的容量没有限制，单位运价为两者之间的单位运价。

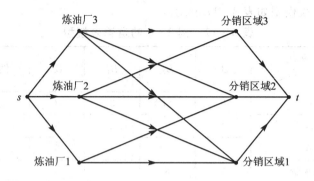

图 3-5 例 3-7 的运输问题图模型

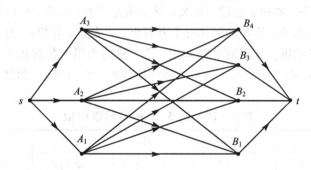

图 3-6 例 3-8 的运输问题图模型

例 3-9 的运输图模型如图 3-7 所示。其中从 s 点到炼油厂的边上的容量为炼油厂的产量，单位运价为 0；从分销区域到 t 的边上的容量为分销区域的需求量，单位运价为 0；从炼油厂到分销区域的其他边上的容量没有限制，单位运价为两者之间的单位运价。

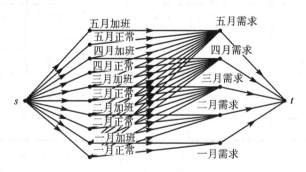

图 3-7 例 3-9 的运输问题图模型

3.5.3 运输问题算法

1. 贪婪启发式算法

1）最小元素法

最小元素法中的元素，指的就是运价，也就是为产地和销地之间的货物制订匹配运输关系时，优先选择可运输的全局最小运价。最小元素法属于贪婪启发式算法，不能保证得到最优解，但是可以得到一般意义下的较优解。

其基本步骤如下：

步骤 1：令 $x_{ij} = 0$。

步骤 2：在运输问题的表模型中，找到尚有余量的产地与销地的最小运价，令

$$[I, J] = \arg\min\{c_{ij} \mid s_i > 0, d_j > 0\}$$

其中，s_i 为产地 i 的供应量，d_j 为销地 j 的需求量，c_{ij} 为产地 i 到销地 j 的单位物品运价。

步骤 3：最大化地满足最小运价对应的产销地的剩余产销量，令

$$s_I = s_I - \min\{s_I, d_J\}$$
$$d_J = d_J - \min\{s_I, d_J\}$$
$$x_{IJ} = x_{IJ} + \min\{s_I, d_J\}$$

若有 $s_I = d_J$，则令某个元素

$$x_{i'j'} = 0^+$$
$$x_{i'j'} \in \{x_{Ij} \mid x_{Ij} = 0\} \bigcup \{x_{iJ} \mid x_{iJ} = 0\}$$

步骤 4：若产销地均无余量可形成运输指派，也即

$$\{c_{ij} \mid s_i > 0, d_j > 0\} = \varnothing$$

则算法结束，否则转步骤 2。

例如，表 3-16 的表模型中，运用最小元素法的计算运输方案过程如下：

(1) 在运价表中选择最小元素，并最大化地满足其对应的产销地的剩余产销量，从而得到表 3-19。

表 3-19　在表 3-16 中运用最小元素法的计算运输方案过程(1)

	分销区域 1	分销区域 2	分销区域 3	供应量
炼油厂 1	12 000	18 000		600
炼油厂 2	30 000	10 000	8000(500)	500-500
炼油厂 3	20 000	25 000	12 000	800
需求量	400	800	700-500	

(2) 在运价表中选择供需均大于 0 的最小元素，并最大化地满足其对应的产销地的剩余产销量，从而得到表 3-20。

表 3-20　在表 3-16 中运用最小元素法的计算运输方案过程(2)

	分销区域 1	分销区域 2	分销区域 3	供应量
炼油厂 1	12 000(400)	18 000		600-400
炼油厂 2	30 000	10 000	8000(500)	0
炼油厂 3	20 000	25 000	12 000	800
需求量	400-400	800	200	

(3) 在运价表中选择供需均大于 0 的最小元素，并最大化地满足其对应的产销地的剩余产销量，从而得到表 3-21。

表 3-21　在表 3-16 中运用最小元素法的计算运输方案过程(3)

	分销区域 1	分销区域 2	分销区域 3	供应量
炼油厂 1	12 000(400)	18 000		200
炼油厂 2	30 000	10 000	8000(500)	0
炼油厂 3	20 000	25 000	12 000(200)	600
需求量	0	800	0	

（4）再一步迭代计算得到表 3-22。

表 3-22　在表 3-16 中运用最小元素法的计算运输方案过程(4)

	分销区域 1	分销区域 2	分销区域 3	供应量
炼油厂 1	12 000(400)	18 000(200)		200−200
炼油厂 2	30 000	10 000	8000(500)	0
炼油厂 3	20 000	25 000	12 000(200)	600
需求量	0	800−200	0	

（5）继续迭代计算得到表 3-23。

表 3-23　在表 3-16 中运用最小元素法的计算运输方案过程(5)

	分销区域 1	分销区域 2	分销区域 3	供应量
炼油厂 1	12 000(400)	18 000(200)		0
炼油厂 2	30 000	10 000	8000(500)	0
炼油厂 3	20 000	25 000(600)	12 000(200)	600−600
需求量	0	600−600	0	

（6）所有的供应量和均为 0，算法结束，得到最后结果如表 3-24 所示，其中括号中的数量为对应产地和销地之间的运量方案。

表 3-24　在表 3-16 中运用最小元素法的计算运输方案过程(6)

	分销区域 1	分销区域 2	分销区域 3	供应量
炼油厂 1	12 000(400)	18 000(200)	(0)	0
炼油厂 2	30 000(0)	10 000(0)	8000(500)	0
炼油厂 3	20 000(0)	25 000(600)	12 000(200)	0
需求量	0	0	0	

2）伏格尔法

最小元素法是贪婪算法，特点是只顾眼前。伏格尔法的考虑往前更进了一步，如果一个物品不能按照最小的费用运输，而是按照次小的费用运输，这就有一个差额，不妨令 g_i^s 代表产地 i 的差额，g_j^d 代表销地 j 的差额。将这个差额作为一种启发信息，对于差额大的产地或者销地，优先安排最小元素，这样有可能会降低贪婪的成本。

算法的步骤如下：

步骤 1：在运输问题的表模型中，在最后一行增加一行记录 g_j^d，在最后一列增加一列记录 g_i^s。

步骤 2：令

$$I = \text{argmin}\{c_{ij} \mid i \in [1, m], s_i > 0, d_j > 0\}$$
$$I' = \text{argmin}\{c_{ij} \mid i \in [1, m] - I, s_i > 0, d_j > 0\}$$
$$g_j^d = c_{I'j} - c_{Ij}$$
$$J = \text{argmin}\{c_{ij} \mid j \in [1, n], s_i > 0, d_j > 0\}$$
$$J' = \text{argmin}\{c_{ij} \mid j \in [1, n] - J, s_i > 0, d_j > 0\}$$
$$g_i^s = c_{iJ'} - c_{iJ}$$

步骤 3：选择最大的差额，将其所对应的产量或者需求尽量分配给最小元素对应的销地或者产地。令

$$g_k^\alpha = \text{argmax}\{g_j^d, g_i^s\}, \alpha \in \{d, s\}$$

如果 $\alpha = s$，则有

$$k' = \text{argmin}\{c_{kj} \mid s_k > 0, d_j > 0, j \in [1, n]\}$$

于是尽可能多地给此处对应的产地 k 和销地 k' 分配运输任务：

$$d_{k'} = d_{k'} - \min\{s_k, d_{k'}\}$$
$$s_k = s_k - \min\{s_k, d_{k'}\}$$

若有 $s_k = d_{k'}$，则令某个元素为

$$x_{i'j'} = 0^+$$
$$x_{i'j'} \in \{x_{kj} \mid x_{kj} = 0\} \bigcup \{x_{ik'} \mid x_{ik'} = 0\}$$

如果 $\alpha = d$，则有

$$k' = \text{argmin}\{c_{ik} \mid s_i > 0, d_k > 0, i \in [1, m]\}$$

于是尽可能多地给此处对应的产地 k 和销地 k' 分配运输任务：

$$d_k = d_k - \min\{s_{k'}, d_k\}$$
$$s_{k'} = s_{k'} - \min\{s_{k'}, d_k\}$$

若有 $s_{k'} = d_k$，则令某个元素为

$$x_{i'j'} = 0^+$$
$$x_{i'j'} \in \{x_{k'j} \mid x_{k'j} = 0\} \bigcup \{x_{ik} \mid x_{ik} = 0\}$$

步骤 4：若产销地均无余量可形成运输指派，也即

$$\{c_{ij} \mid s_i > 0, d_j > 0\} = \varnothing$$

则算法结束，否则转步骤 2。

2. 最优性条件

虽然贪婪启发式算法能够得到问题的较优解，但是是否一定能得到最优解，还要进行进一步的检验。

定理 3 - 6 对于贪婪启发式算法得到的除最后一个 0^+ 之外的 $m + n - 1$ 个变量为基变量（包括取值为正以及 0^+ 的所有变量），这样给出的解是运输问题的基解。

证明：首先，算法每使一个产地的产量或者销地的需求归 0，就会增加一个变量，因此，使所有的产量及销量归 0，总共增加的变量的个数为 $m + n$，而算法最后一步加上的变

量的值为0^+，除去这个变量之外的$m+n-1$个变量构成基变量。

在使用贪婪启发式算法确定第一个变量$x_{i_1 j_1}$，它对应的系数列向量为

$$p_{i_1 j_1} = e_{i_1} + e_{m+j_1}$$

其中，e_{i_1}是第i_1个元素为1的单位列向量。

经过算法的步骤2的计算之后，s_i或者d_j必然有一个归0，因此，在此后的计算中，所有新出现的非0变量的系数列向量必然无法线性表示$p_{i_1 j_1}$，以此类推。因此$m+n-1$个变量的系数列向量不线性相关，构成线性规划模型的基。因为决策变量均为非负，因此，得到的解为基可行解。

现在考虑这个问题的对偶问题如下：

$$\max z = \sum_{i=1}^{m} s_i u_i + \sum_{j=1}^{n} d_j v_j$$
$$u_i + v_j \leqslant c_{ij}, \ i = 1, \cdots, m; \ j = 1, \cdots, n$$

则根据对偶理论有

$$Y = [u_1, u_2, \cdots, u_m, v_1, v_2, \cdots, v_n] = C_B B^{-1}$$

因此，检验数

$$\sigma_{ij} = c_{ij} - C_B B^{-1} P_{ij} = c_{ij} - (u_i + v_j)$$

因为基变量的检验数等于0，所以对于基变量来讲，有

$$c_{ij} = (u_i + v_j)$$

这样的等式有$m+n-1$个，给定一个u_i的值，便可以得到一组σ_{ij}的取值，若检验数有负值，则当前解必定不是最优解。

例 3-10 检验例 3-7 的结果(见表 3-25)是不是最优解。

表 3-25 检验例 3-7 的结果最优解步骤(1)

	分销区域 1	分销区域 2	分销区域 3	供应量	
炼油厂 1	12 000(400)	18 000(200)	(0)	0	u_1
炼油厂 2	30 000(0)	10 000(0)	8000(500)	0	u_2
炼油厂 3	20 000(0)	25 000(600)	12 000(200)	0	u_3
需求量	0	0	0		
	v_1	v_2	v_3		

因为基变量的检验数为0，所以有

$$12\ 000 = (u_1 + v_1)$$
$$18\ 000 = (u_1 + v_2)$$
$$8000 = (u_2 + v_3)$$
$$25\ 000 = (u_3 + v_2)$$
$$12\ 000 = (u_3 + v_3)$$

不妨令$u_1 = 0$，可得$v_1 = 12\ 000$，$v_2 = 18\ 000$，$u_3 = 7000$，$u_2 = 3000$，$v_3 = 5000$。因此，可以计算得到非基变量的检验数σ_{ij}，为了更加直观可以在表 3-26 上操作。

表 3-26　检验例 3-7 的结果最优解步骤(2)

	分销区域 1	分销区域 2	分销区域 3	供应量	
炼油厂 1	0	0	0	0	0
炼油厂 2	15 000	−11 000	0	0	3000
炼油厂 3	1000	0	0	0	7000
需求量	0	0	0		
	12 000	18 000	5000		

可见,非基变量的检验数有非负的,即

$$\sigma_{23} = -11\ 000$$

因此,这个解不是最优解,仍然可以改进。关于解的改进,可以使用单纯形法,也可以采用表上作业法(实质是单纯形法,但是直接在运输表模型上操作),这里不再赘述。

3.5.4　从不平衡到平衡

上述算法均是针对总产量和总销量相等的运输问题,对于总产量和总销量不相等的运输问题,可以通过增加虚拟产地或者虚拟销地的方法将其转换成产销平衡问题。

对于总产量大于总销量的运输问题:

$$S = \sum_{i=1}^{m} s_i > D = \sum_{j=1}^{n} d_j$$

可以增加一个虚拟的销地,将多余的产量

$$d_{m+1} = S - D$$

运输到虚拟的销地,所有产地到销地的单位运价可以设为一个较大的数 $c_{\max}$,这个数值最好大于所有真实的单位运价

$$c_{\max} > \max\{c_{ij}\}$$

对于总产量小于总销量的运输问题,可以增加一个虚拟的产地,生产不足部分的产量

$$s_{m+1} = D - S$$

虚拟产地到所有销地的单位运价可以设为一个较大的数,这个数值最好大于所有真实的单位运价。

例 3-11　在例 3-7 的基础上,假设炼油厂 3 的日生产能力增大为 1000 万升,那么必然有销地得不到完全满足,在这种情况下,建立相应的运输模型,使三个炼油厂的炼油最大化地运输,并且总的运费最小。

可以建立一个虚拟的销地,其销量为 200 万升,并设炼油厂到此虚拟销地的运价取较大的数,例如 1 000 000,可建立运输问题的表模型如表 3-27 所示。

表 3-27　例 3-11 的运输问题表模型

	分销区域 1	分销区域 2	分销区域 3	虚拟销地	供应量
炼油厂 1	12 000	18 000		1 000 000	600
炼油厂 2	30 000	10 000	8000	1 000 000	500
炼油厂 3	20 000	25 000	12 000	1 000 000	1000
需求量	400	800	700	200	

3.6 典型案例

3.6.1 投资方案的规划

1. 问题描述

良好的投资规划，对国民生产产生直接推动作用，对国民收入有着正相关的积极影响。在投资方案的规划过程中既要考虑实现投资方案的可行性，又要考虑投资方案的盈利率。这里考虑一个经过抽象和定义过的案例。

某公司计划将 100 万元投资于两个项目，项目 A 的周期为一年，年收益预期为 7%，项目 B 的周期为两年，两年收益预期为 200%。对于项目 A 可以按年制订规划，对于项目 B 只允许以两年为周期制订投资规划。请研究合适的投资方案，使第三年末所得的收入达到最大。

2. 问题分析

单从收益率来讲，计划 B 具有明显的优势，因此，根据启发式规则，我们要将尽量多的钱投入 B 计划中。投资周期为三年，B 计划以两年为周期，因此在三年的周期中，计划 B 只能投资一次，若第一年全部投到 B 计划中，则在第二年末收回本金和收益共计 300 万元之后，还剩下一年，只能投资于 A 计划，到第三年末总共收益 321 万元。

为了让 B 计划能有更多的资金，获取更高的收益，我们可以让 100 万元第一年先投资于 A 计划，第二年得到总计 107 万元之后，再将其全部投入 B 计划中，这样第三年末得到的总收入是 321 万元。

奇怪的是，这种依靠经验启发的努力改造得到的方案并没有使我们的收入更高。启发式的经验如果没有与数量变化背后潜在的真实数学关系完全匹配，就有可能徒劳。当经验在现实中无效或者让我们产生困惑的时候，对问题进行系统性定量化的建模求解分析，就显得更有必要了。

3. 建立模型

设决策变量如表 3-28 所示。

表 3-28 决策变量及其含义

决策变量	含　　义
x_{1A}	第一年的投资计划 A 的资金数量
x_{2A}	第二年的投资计划 A 的资金数量
x_{3A}	第三年的投资计划 A 的资金数量
x_{1B}	第一年的投资计划 B 的资金数量
x_{2B}	第二年的投资计划 B 的资金数量

第一年初的资金分成三个部分：x_{1A}、x_{1B} 和未进行投资的剩余资金 $100-x_{1A}-x_{1B}$。

第一年末的总剩余资金为 $100-x_{1A}-x_{1B}+1.07x_{1A}$。

第二年初的资金分成三个部分：x_{2A}、x_{2B} 和未进行投资的剩余资金

$$100-x_{1A}-x_{1B}+1.07\,x_{1A}-x_{2A}-x_{2B}$$

第二年末的总剩余资金为

$$100-x_{1A}-x_{1B}+1.07\,x_{1A}-x_{2A}-x_{2B}+3\,x_{1B}+1.07\,x_{2A}$$

第三年初的资金分成两个部分：x_{3A} 和未进行投资的剩余资金

$$100-x_{1A}-x_{1B}+1.07\,x_{1A}-x_{2A}-x_{2B}+3\,x_{1B}+1.07\,x_{2A}-x_{3A}$$

第三年末的总剩余资金为

$$100-x_{1A}-x_{1B}+1.07\,x_{1A}-x_{2A}-x_{2B}+3\,x_{1B}+1.07\,x_{2A}-x_{3A}+1.07\,x_{3A}+3x_{2B}$$

而问题的目标就是使第三年末的总剩余资金最大化，将其化简后，有如下的目标函数：

$$\max z=0.07\,x_{1A}+0.07\,x_{2A}+0.07\,x_{3A}+2\,x_{1B}+2x_{2B}+100$$

现在需要考虑约束：

$$x_{1A}+x_{1B}\leqslant 100$$

代表第一年总共投资额不超过 100 万元；

$$100-x_{1A}-x_{1B}+1.07\,x_{1A}-x_{2A}-x_{2B}\geqslant 0$$

代表第二年未投资的剩余资金数量不能为负，也就是不能花超了；

$$100-x_{1A}-x_{1B}+1.07\,x_{1A}-x_{2A}-x_{2B}+3\,x_{1B}+1.07\,x_{2A}-x_{3A}\geqslant 0$$

代表第三年未投资的剩余资金数量不能为负。

整理得如下线性规划模型：

$$\max z=0.07\,x_{1A}+0.07\,x_{2A}+0.07\,x_{3A}+2\,x_{1B}+2x_{2B}+100$$
$$x_{1A}+x_{1B}\leqslant 100$$
$$-0.07\,x_{1A}+x_{2A}+x_{1B}+x_{2B}\leqslant 100$$
$$-0.07\,x_{1A}-0.07\,x_{2A}+x_{3A}-2\,x_{1B}+x_{2B}\leqslant 100$$
$$x_{1A}、x_{2A}、x_{3A}、x_{1B}、x_{2B}\geqslant 0$$

4. 求解

应用 Matlab 的线性规划求解函数 linprog，求解的代码及得到的最优解如下所示：

```
f=-[0.07, 0.07, 0.07, 2, 2]';
A=[1, 0, 0, 1, 0; -0.07, 1, 0, 1, 1; -0.07, -0.07, 1, -2, 1]
b=[100, 100, 100]';
lb=[0, 0, 0, 0, 0];
x=linprog(f, A, b, [], [], lb);
```

$$x_{1A}=51.8011$$
$$x_{2A}=0$$
$$x_{3A}=144.5967$$
$$x_{1B}=48.1989$$
$$x_{2B}=44.4272$$
$$z=321\ 万元$$

得到的最优收益与问题的分析中得到的结果一致，但是具体的投资方案有很大的差别，因此可知，有很多种可行的投资方案可以使最终的收益达到最大化。

5. 单纯形表求解

利用单纯形法进行计算,首先要将线性规划转化成标准形式如下:

$$\max z = 0.07 x_{1A} + 0.07 x_{2A} + 0.07 x_{3A} + 2 x_{1B} + 2 x_{2B} + 0 y_1 + 0 y_2 + 0 y_3 + 100$$

$$x_{1A} + x_{1B} + y_1 = 100$$

$$-0.07 x_{1A} + x_{2A} + x_{1B} + x_{2B} + y_2 = 100$$

$$-0.07 x_{1A} - 0.07 x_{2A} + x_{3A} - 2 x_{1B} + x_{2B} + y_3 = 100$$

$$x_{1A}, x_{2A}, x_{3A}, x_{1B}, x_{2B}, y_1, y_2, y_3 \geqslant 0$$

(1)列出初始单纯形表如表 3-29 所示。

表 3-29   单纯形表求解步骤(1)

c_j	基变量	0.07 x_{1A}	0.07 x_{2A}	0.07 x_{3A}	2 x_{1B}	2 x_{2B}	0 y_1	0 y_2	0 y_3	b_i'
	σ_j	0.07	0.07	0.07	2	2	0	0	0	
0	y_1	1	0	0	1	0	1	0	0	100
0	y_2	−0.07	1	0	1	1	0	1	0	100
0	y_3	−0.07	−0.07	1	−2	1	0	0	1	100

(2)选定检验数 σ_j 最大的非基变量之一作为进基变量,这里可选择 x_{1B} 进基,在其所在的列,按照换出基确定的规则,可选择 y_1 或者 y_2 作为出基变量,这里不妨选 y_1 作为出基变量,从而得到表 3-30。

表 3-30   单纯形表求解步骤(2)

c_j	基变量	0.07 x_{1A}	0.07 x_{2A}	0.07 x_{3A}	2 x_{1B}	2 x_{2B}	0 y_1	0 y_2	0 y_3	b_i'
	σ_j	0.07	0.07	0.07	2	2	0	0	0	
0	y_1	1	0	0	1	0	1	0	0	100
0	y_2	−0.07	1	0	1	1	0	1	0	100
0	y_3	−0.07	−0.07	1	−2	1	0	0	1	100

(3)通过初等变换,将 x_{1B} 所在的列变为单位向量,更新检验数基右端常数项,从而得到表 3-31。

表 3-31   单纯形表求解步骤(3)

c_j		x_{1A}	x_{2A}	x_{3A}	x_{1B}	x_{2B}	y_1	y_2	y_3	b_i'
	σ_j	−1.93	0.07	0.07	0	2	−2	0	0	
2	x_{1B}	1	0	0	1	0	1	0	0	100
0	y_2	−1.07	1	0	0	1	−1	1	0	0
0	y_3	1.93	−0.07	1	0	1	2	0	1	300

(4)同样地,选定检验数 σ_j 最大的非基变量 x_{2B} 进基,在其所在的列,按照换出基确定

的规则，选择y_2作为出基变量，从而得到表 3-32。

表 3-32 单纯形表求解步骤(4)

c_j		x_{1A}	x_{2A}	x_{3A}	x_{1B}	x_{2B}	y_1	y_2	y_3	b'_i
	σ_j	−1.93	0.07	0.07	0	2	−2	0	0	
2	x_{1B}	1	0	0	1	0	1	0	0	100
0	y_2	−1.07	1	0	0	1	−1	1	0	0
0	y_3	1.93	−0.07	1	0	1	2	0	1	300

（5）通过初等变换，将x_{2B}所在的列变为单位向量，更新检验数基右端常数项，从而得到表 3-33。

表 3-33 单纯形表求解步骤(5)

c_j		x_{1A}	x_{2A}	x_{3A}	x_{1B}	x_{2B}	y_1	y_2	y_3	b'_i
	σ_j	0.21	−1.93	0.07	0	0	0	−2	0	
2	x_{1B}	1	0	0	1	0	1	0	0	100
2	x_{2B}	−1.07	1	0	0	1	−1	1	0	0
0	y_3	3	−1.07	1	0	0	3	−1	1	300

（6）选定检验数σ_j最大的非基变量x_{1A}进基，在其所在的列，按照换出基确定的规则，选择x_{1B}作为出基变量，从而得到表 3-34。

表 3-34 单纯形表求解步骤(6)

c_j		x_{1A}	x_{2A}	x_{3A}	x_{1B}	x_{2B}	y_1	y_2	y_3	b'_i
	σ_j	0.21	−1.93	0.07	0	0	0	−2	0	
2	x_{1B}	1	0	0	1	0	1	0	0	100
2	x_{2B}	−1.07	1	0	0	1	−1	1	0	0
0	y_3	3	−1.07	1	0	0	3	−1	1	300

（7）通过初等变换，将x_{1A}所在的列变为单位向量，更新检验数基右端常数项，从而得到表 3-35。

表 3-35 单纯形表求解步骤(7)

c_j		x_{1A}	x_{2A}	x_{3A}	x_{1B}	x_{2B}	y_1	y_2	y_3	b'_i
	σ_j	0	−1.93	0.07	−0.21	0	−0.21	−2	0	
0.07	x_{1A}	1	0	0	1	0	1	0	0	100
2	x_{2B}	0	1	0	1.07	1	0.07	1	0	107
0	y_3	0	−1.07	1	−3	0	0	−1	1	0

（8）选定检验数σ_j最大的非基变量x_{3A}进基，在其所在的列，按照换出基确定的规则，选择y_3作为出基变量，从而得到表 3-36。

表 3 - 36　单纯形表求解步骤(8)

c_j		x_{1A}	x_{2A}	x_{3A}	x_{1B}	x_{2B}	y_1	y_2	y_3	b'_i
	σ_j	0	-1.93	0.07	-0.21	0	-0.21	-2	0	
0.07	x_{1A}	1	0	0	1	0	1	0	0	100
2	x_{2B}	0	1	0	1.07	1	0.07	1	0	107
0	y_3	0	-1.07	1	-3	0	0	-1	1	0

x_{3A} 所在的列已经是单位向量,无须变换,至此,检验数全部小于等于零,计算结束,得到最优解为

$$x_{1A} = 100$$
$$x_{2A} = 0$$
$$x_{3A} = 0$$
$$x_{1B} = 0$$
$$x_{2B} = 107$$

三年之后的总收入为 321 万元。

6. 讨论

模型不考虑盈利率波动,以及资金的时间价值等在实际的投资中会考虑的一些重要因素。

软件计算和使用单纯形表手工计算得出来的分配方案并不相同,但是最优目标函数值是一样的,这说明模型的最优解不唯一。

3.6.2　防御兵力的部署

1. 问题描述

蓝军试图入侵由红军防御的领地。红军有三条防线和 200 个正规战斗单位,并且还能抽调出 200 个预备单位。蓝军计划进攻两条前线(南线和北线);红军设置三条东-西防线(Ⅰ、Ⅱ、Ⅲ),防线Ⅰ和防线Ⅱ各自要至少阻止蓝军进攻 4 天以上,并尽可能延长总的战斗持续时间。蓝军的前进时间由下列经验公式估计得到:

战斗持续的天数 $= a + b$(红军战斗单位数 / 蓝军战斗单位数)

战斗持续天数的经验公式的系数如表 3 - 37 所示。

表 3 - 37　战斗持续天数经验公式的系数

前线	a			b		
	防线Ⅰ	防线Ⅱ	防线Ⅲ	防线Ⅰ	防线Ⅱ	防线Ⅲ
北线	0.5	0.75	0.55	8.8	7.9	10.2
南线	1.1	1.3	1.5	10.5	8.1	9.2

红军的预备单位能够且只能用在防线Ⅱ上,蓝军分配到三条防线的单位数由表 3 - 38 给出。

表 3 - 38　蓝军分配到三条防线上的战斗单位数

前线	蓝军战斗单位数 c		
	防线Ⅰ	防线Ⅱ	防线Ⅲ
北线	30	60	20
南线	30	40	20

红军应如何在北线/南线和三条防线上部署他的军队？

2. 问题分析

我们定义八个决策变量 x_{ij}（$i=1, 2$；$j=1, 2, 3$），分别表示各个防线上的正规兵力部署数量，y_{ij} 表示部署在防线Ⅱ上的预备兵力的数量。那么我们就可以依据经验公式计算各个防线上的战斗持续时间。

$$t_{ij} = a_{ij} + b_{ij} \frac{x_{ij} + y_{ij}}{c_{ij}}$$

案例要求尽可能延长总的战斗持续时间，这只是战术要求的具体量化抽象，在不同的战术场景中，对总的战斗持续时间也有不同的具体计算方式。

在本例中，六个防线就会产生六个战斗持续时间，如果是求和的话，很明显在很多场景中都不合适。例如，在要地保卫战中，一旦某个防线失守，可能就会导致保卫目的的失败，如历史上著名的"马其诺防线"。

实际上，不同的聚合函数就会有不同的表达效果，下面这样的目标函数适合战术目的为消耗战的情况，也就是以消耗蓝军有生力量为目的，并且假设消耗蓝军的有生力量与战斗持续时间成正比。

$$\text{目标函数一：} \max z = \sum_{i, j} t_{ij}$$

以下的目标函数适合保卫战的战术场景，也就是以保卫某个目标为目的，如果蓝军突破了某个防线，就认为整个作战归于失败。例如，在重要目标的保卫作战中（要地防空就是典型的例子），这种情况下，要所有的防线战斗持续时间都尽量的长，关键是要持续时间最短的防线坚持的时间最大化。

$$\text{目标函数二：} \max z = \min\{t_{ij}\}$$

以下的目标函数适合类似"拖延战"的战术场景，也就是作战的目的是拖住敌方的兵力，使其无法腾出手来攻击其他目标。

$$\text{目标函数三：} \max z = \max\{t_{ij}\}$$

虽然貌似考虑的比较周到了，但是这样的目标函数还无法考虑许多情况。例如，在一个防线失守的情况下，如果红军还有剩余兵力，是否会支援其他防线等因素仍然没在考虑范围之内，毕竟单个目标函数所能表达的因素是有限的和静态的。

3. 建立模型

兵力的分配要受到以下约束：

正规战斗单位总数为 200 个，因此有

$$\sum_{i, j} x_{ij} \leqslant 200$$

预备战斗单位有 200 个，能够且只能用在防线Ⅱ上，即

$$\sum_{i, j} y_{ij} \leqslant 200$$

$$y_{ij} = 0, \ i = 1, 2; \ j = 1, 3$$

防线Ⅰ和防线Ⅱ各自要至少阻止蓝军进攻 4 天以上，即

$$t_{ij} \geqslant 4, \ i = 1, 2; \ j = 1, 2$$

$$y_{ij} \geqslant 0$$

$$x_{ij} \geqslant 0$$

4. 求解

采用目标函数一的时候，数学模型是线性规划模型，可以使用 Matlab 求解。

A = [1 1 1 1 1 1 0 0；0 0 0 0 0 0 1 1]；

lb = [105/8.8, 3.25 * 60/7.9, 0, 2.9 * 30/10.5, 2.7 * 40/8.1, 0, 0 0]；

b = [200；200]；

lb = [0 0 0 0 0 0 0 0]

f = − [8.8/30, 7.9/60, 10.2/20, 10.5/30, 8.1/40, 9.2/20, 7.9/60, 8.1/40]；

x = linprog(f, A, b, [], [], lb, [])；

因为目标函数二不是标准的线性函数，因此无法使用线性规划的算法进行求解。

目标函数三要使某个持续时间最长的防线的坚持时间最长，根据经验启发，可以将全部兵力投入敌方兵力最少、战斗力最薄弱的防线上。

5. 讨论

线性规划的模型和算法都很标准化、程序化，可以快速方便地求解很多复杂和大型的问题。但是，我们仍然需要在心里牢记，这并不能替代优化决策系统过程中的其他环节。

3.6.3 火车站售票的规划

1. 问题描述

从城市 A 到城市 B 开通了一条新的客运铁路，总共有 N 个站点，各站点依次编号，A 市站点编号 1，B 市站点编号 N。这列火车的最大载客量是 n 人。为提高客运能力，增加收益，在对历史数据进行了统计分析以及对未来一段时间进行了预测的基础上，得出了不同站点之间客运需求的数量。如果因客运量限制而不能接受所有订单，则会拒绝部分订单。现在要根据这些数据，确定铁路售票的规划，使可能的总收益最大化，一个已接受订单的收益是订单中乘客人数和火车票价格的乘积。总收益是所有已接受订单的收益之和。

例如，假设从城市 A 到城市 B 的站点数目为 N = 6，火车最大载客量 n = 2000，不同站点之间的客运需求已知数据如表 3-39 所示。

表 3-39　不同起点和终点之间的票价与顾客需求数量

起点	终点	票价	需求数量	起点	终点	票价	需求数量
1	2	92	797	3	5	237	731
1	3	179	850	4	5	150	1130
2	3	179	1259	1	6	394	680
1	4	284	513	2	6	394	1225
2	4	284	334	3	6	302	1040
3	4	192	751	4	6	215	1037
1	5	329	548	5	6	110	1246
2	5	329	686				

2. 问题分析与建模

令站点 i 与站点 j 之间的售票数量为 x_{ij}，c_{ij} 为站点 i 到站点 j 的票价，p_{ij} 为从站点 i 到站点 j 的需求票数，建立如下线性规划模型：

目标最大化总收益：

$$\max z = \sum_{i=1}^{N-1} \sum_{j=i+1}^{N} x_{ij} c_{ij}$$

必须满足火车不能超载的约束，也就是在任意时刻，火车上的乘客数量不大于 n，即

$$\sum_{i=1}^{I} \sum_{j=J}^{N} x_{ij} \leqslant n, \; I = 1, \cdots, N-1; \; J = I+1$$

这个约束条件的数量为 $N-1$。

站点 i 与站点 j 直接的售票数量不超过对需求票数的估计 p_{ij}，即

$$0 \leqslant x_{ij} \leqslant p_{ij}$$

3. 求解

步骤 1：对决策变量以及票价的二维索引进行一维编号。

```
K=0;
for i=1：N-1
    for j=(i+1)：N
        K=K+1;
        Csub(i, j) = K;
        CI{K} = [i, j];
        ub(K) = p(i, j);
        f(K) = -c(i, j);
    end
end
```

步骤 2：对系数矩阵 A 及右端常数项进行一维编号。

```
for I=1：N-1
    for J=(I+1)：N
        for i=1：I
            for j=J：N
                A(I, Csub(i, j))=1;
            end
        end
    end
end
b=ones((N-1), 1)*n;
lb=zeros(K, 1);
```

步骤 3：利用 linprog 函数进行求解。

```
[x, fval] = linprog(f, A, b, [], [], lb, ub)
```

得到结果如表 3-40 所示。

表 3－40　不同起点和终点之间的分配票数

起点	终点	分配票数	起点	终点	分配票数
1	2	797	3	5	402
1	3	0	4	5	844
2	3	1153	1	6	0
1	4	513	2	6	0
2	4	334	3	6	0
3	4	751	4	6	754
1	5	0	5	6	1246
2	5	0			

3.6.4　武器目标分配问题

1. 问题描述

在时刻 t，某单位有 3 个武器系统，每个武器系统均有 2 个目标通道，要射击 6 批目标，武器系统对目标的射击有利度数据如表 3－41 所示，要进行目标分配，使总的射击有利度达到最大，请建立数学模型。

表 3－41　武器系统对目标的射击有利度数据

		目标 1	目标 2	目标 3	目标 4	目标 5	目标 6
武器 A	通道 1	0.8	0.7	0.6	0.5	0.4	0.3
	通道 2	0.8	0.7	0.6	0.5	0.4	0.3
武器 B	通道 1	0.4	0.5	0.6	0.7	0.8	0.9
	通道 2	0.4	0.5	0.6	0.7	0.8	0.9
武器 C	通道 1	0.5	0.6	0.9	0.7	0.6	0.6
	通道 2	0.5	0.6	0.9	0.7	0.6	0.6

2. 问题分析与建模

为了简化起见，将上述模型进行转化，每个通道视为一个单独的武器，建立武器目标分配问题的射击有利度矩阵如表 3－42 所示。

表 3－42　武器目标分配问题的射击有利度数据

			目标 1	目标 2	目标 3	目标 4	目标 5	目标 6
武器 A	通道 1	武器 1	0.8	0.7	0.6	0.5	0.4	0.3
	通道 2	武器 2	0.8	0.7	0.6	0.5	0.4	0.3
武器 B	通道 1	武器 3	0.4	0.5	0.6	0.7	0.8	0.9
	通道 2	武器 4	0.4	0.5	0.6	0.7	0.8	0.9
武器 C	通道 1	武器 5	0.5	0.6	0.9	0.7	0.6	0.6
	通道 2	武器 6	0.5	0.6	0.9	0.7	0.6	0.6

设 x_{ij} 代表武器 i 对目标 j 的决策变量，设 c_{ij} 代表武器 i 对目标 j 的射击有利度，则可以建立如下线性规划模型

$$\max z = \sum_{i=1}^{6} \sum_{j=1}^{6} c_{ij} x_{ij}$$

$$\sum_{i=1}^{6} x_{ij} = 1, j = 1, \cdots, 6$$

$$\sum_{j=1}^{6} x_{ij} = 1, i = 1, \cdots, 6$$

$$x_{ij} \in \{0, 1\}$$

这是一个指派问题，可以使用匈牙利算法求解(参见 4.5.1 节)。

3. 讨论

什么是射击有利度呢？考虑不同的武器对不同的目标以及不同的战术背景下，上述模型可以怎样变形以适应实际条件。

习 题 3

1. (基本题)线性方程组什么时候有无穷多解？什么时候有唯一解？什么时候无解？

2. (基本题)线性规划问题的一般形式和标准形式是什么？怎么相互转换？

3. (基本题)线性规划问题的可行域和线性规划问题标准形式约束方程构成的方程组的解空间之间有什么关系？

4. (基本题)什么叫基解？怎么样得到基解？关于基解与最优解的关系，有什么重要结论？

5. (基本题)单纯形法迭代求解的时候，遵循什么样的路线？

6. (提高题)单纯形法中，从一个基开始迭代逐步寻优，使用换出一个基变量和换入一个非基变量的办法得到一个新的基，这样的两个基一定是相邻的吗？相邻的基之间一定是相差一个基变量吗？

7. (提高题)除了单纯形法之外，内点法也可以求解线性规划，请查阅资料，阐述内点法的求解思路。

8. (基本题)有 3 套防空导弹，某时刻空中有 3 个目标，其威胁度分别为 w_j，防空导弹对目标的杀伤概率分别为 p_{ij}，应该怎样分配目标？建立如下线性规划模型

$$\max z = p_{ij} x_{ij} w_j$$

$$\sum_{i=1}^{3} x_{ij} = 1, j = 1, 2, 3$$

$$\sum_{j=1}^{3} x_{ij} = 1, i = 1, 2, 3$$

$$x_{ij} = 0 \text{ 或 } 1$$

其中，决策变量 x_{ij} 代表防空导弹 i 是否射击目标 j，射击的话为 1，否则为 0。请论述这个模型的优缺点，怎样改进？

9. (基本题)将以下线性规划一般形式的模型转换为标准形式

$$\max z = 3x_1 + 5x_2 + 6x_3$$
$$x_1 + 2x_2 + 3x_3 \leqslant 6$$
$$x_1 + 2x_2 + 3x_3 \geqslant 3$$
$$x_1, x_2, x_3 \geqslant 0$$

10. (基本题)针对以下的线性规划一般形式的模型,枚举其所有的基可行解,并在二维坐标系中画出其可行域,对比可行域顶点与基可行解的关系。

$$\max z = x_1 + 2x_2$$
$$6x_1 + 3x_2 \leqslant 33$$
$$x_1 + 2x_2 \leqslant 6$$
$$x_1, x_2 \geqslant 0$$

11. (基本题)针对以下线性规划一般形式的模型,使用单纯形法计算其最优解,然后使用 Matlab 求解,对比计算结果。

$$\max z = x_1 + 2x_2$$
$$6x_1 + 3x_2 \leqslant 33$$
$$x_1 + 2x_2 \leqslant 6$$
$$x_1, x_2 \geqslant 0$$

12. (基本题)假设从城市 A 到城市 B 的站点数目为 $N=8$,火车最大载客量 $n=3000$,不同站点之间的客运需求已知数据如表 3-43 所示,根据这些数据,要确定铁路售票的规划,使可能的总收益最大化。请建立问题的线性规划模型,并使用计算机进行求解。

表 3-43 不同站点之间的客运需求

起点	终点	票价	需求票数	起点	终点	票价	需求票数
1	2	75	821	5	6	230	629
1	3	189	498	1	7	570	1250
2	3	189	972	2	7	570	458
1	4	258	576	3	7	495	586
2	4	258	833	4	7	381	987
3	4	183	874	5	7	312	441
1	5	361	364	6	7	209	812
2	5	361	658	1	8	642	1032
3	5	286	534	2	8	642	1049
4	5	172	503	3	8	567	707
1	6	488	1074	4	8	453	539
2	6	488	465	5	8	384	820
3	6	413	1212	6	8	281	519
4	6	299	619	7	8	154	1142

13. (提高题)某公司计划将 2000 万元投资于两个项目,项目 A 的周期为 1 年,年收益预期为 10%,项目 B 的周期为 2 年,两年收益预期为 13%。项目 C 的周期为 3 年,3 年收益预期为 16%,项目 A、B 和 C 分别只能用 1 年、2 年和 3 年为周期制订计划。现在要研究合适的投资方案,使第 5 年末所得的收入达到最大。

(1) 请建立问题的数学模型,并借助计算机软件进行求解。

(2) 考虑预期收益率的波动情况,对三个项目的预期收益率进行扰动,也就是加上一个正或者负的常数,分析最优方案变化的规律,完成相应的分析报告。

14. (基本题)请写出以下线性规划一般形式模型的对偶模型

$$\max z = x_1 + 2x_2$$
$$6x_1 + 3x_2 \leqslant 33$$
$$x_1 + 2x_2 \leqslant 6$$
$$x_1, x_2 \geqslant 0$$

15. (基本题)不同产地产品运输问题的表模型如表 3-44 所示。

表 3-44　不同产地产品运输问题的表模型

	销地 1	销地 2	销地 3	销地 4	产量
产地 1	6	5	3	9	10
产地 2	7	9	3	7	10
产地 3	3	2	10	6	10
销量	7	7	7	9	

(1) 使用最小元素法计算其初始解。

(2) 使用伏格尔法计算其初始解。

(3) 建立其线性规划模型,并使用计算机软件求解。

16. (提高题)炼油厂运输问题的表模型如表 3-45 所示。

表 3-45　炼油厂运输问题的表模型

	分销区域 1	分销区域 2	分销区域 3	供应量
炼油厂 1	120	180	30	600
炼油厂 2	300	100	80	500
炼油厂 3	200	250	120	800
需求量	400	800	700	

假设现在情况发生变化,分销区域 1 的需求量必须满足,分销区域 2 和分销区域 3 每缺少 1 万升汽油有 500 元的惩罚费用。请改造此模型,以适应新的情况。

17. 某部门拟在下一年的 1~4 季度租用仓库存放物资。已知各季度所需仓库面积如表 3-46 所示。仓库租金随租期而定,租期越长,折扣越大,具体租金情况如表 3-47 所示。

仓库租借合同一般在每季度初都可以办理,每份合同可具体规定租用面积和期限。因此该部门可根据需要在任何季度的开始办理租借合同。每次办理时可签订一份合同,也可签订多份租用面积和租期不同的合同。试确定该部门应如何签订合同使所用的总租金最少?

表 3 - 46　仓库分季度需求

季度	1	2	3	4
仓库面积需求/1000 m²	3	2	4	2.4

表 3 - 47　不同租期的租金价格

合同租期	1 个季度	2 个季度	3 个季度	4 个季度
合同期内租金/(万元/1000 m²)	56	90	120	146

第 4 章 网 络 最 优 化

4.1 最小支撑树问题

4.1.1 最小费用连通问题

一般称 $G=(V, E)$ 为一个图或者网络,其中 V 是图上点的集合,E 是图上连接点之间边的集合,使用 $|V|$ 和 $|E|$ 分别代表点的数量和边的数量。

定义 4-1 树是无圈的连通图。

树具有以下几条性质:

(1) 树使用最少数量的边连通了所有点,且有 $|E|=|V|-1$。

(2) 多一条边产生冗余通路,也即产生圈。

(3) 少一条边则不再连通。

定义 4-2 连通图 $G=(V, E)$ 的所有点和一部分边组成的树 $T(G)=(V, E')$,$E'\subseteq E$ 称为图的支撑树。

图的支撑树使用最少数量的边连通了图上的所有点,若多一条边则产生冗余,若少一条边则不再连通,因为图的支撑树是树,满足树的所有性质。

定义 4-3 连通图 $G=(V, E)$ 的最小支撑树 $T(G)$ 就是图的权重之和最小的支撑树。

$$T(G) = \mathrm{argmin}\Big\{ \sum_{(i, j)\in E'} c_{ij} \mid T(G) = (V, E') \text{是图} G \text{的支撑树} \Big\}$$

其中,c_{ij} 是边 (i, j) 的权重。

在图 $G=(V, E)$ 上,设 $x_{ij}=1$ 代表边 (i, j) 属于最小支撑树,否则 $x_{ij}=0$ 代表不属于。那么在图上寻找最小支撑树问题可以表示为以下线性规划模型

$$\min z = \sum_{(i, j)\in E} c_{ij} x_{ij}$$

$$\sum_{(i, j)\in E} x_{ij} = |V|-1 \tag{4-1}$$

$$\sum_{i\in S\subset V,\, j\in V-S} x_{ij} \geqslant 1 \tag{4-2}$$

$$x_{ij} \in \{0, 1\}$$

式(4-1)限定要有 $|V|-1$ 条边,式(4-2)保证了最小支撑树是连通的。实际上,即使没有式(4-1),也能找到最小支撑树,因为要使边的总长度最短,边的数量一定也是最少的。

例 4-1 某公司中标为"一带一路"上某国家的六个居民点提供宽带建设服务,图 4-1 给出了铺设通信线路的可能情况及相应距离。请确定最经济的通信线路铺设方案,使六个

居民点可以连接起来。

记六个居民点及相应的可能连接方式组成的图为 $G=(V, E)$，设 x_{ij} 为决策变量，$x_{ij}=1$ 代表点 i 与点 j 之间铺设的通信线路，否则不铺设。此问题可以表示为以下线性规划模型

$$\min z = \sum_{(i, j) \in E} c_{ij} x_{ij}$$
$$\sum_{i \in S \subset V, j \in V-S} x_{ij} \geqslant 1 \qquad (4-3)$$
$$x_{ij} \in \{0, 1\}$$

本问题可以使用线性规划求解，但是对于点的数量较多的问题，使用线性规划求解的话就不可行了。例如，对于有 60 个点的图，要用线性规划模型求解最小支撑树，需要的约束条件数量比地球上的原子数量还多。

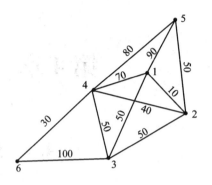

图 4-1 宽带网络拓扑结构
设计问题的输入

支撑树使用了最少数量的边连通了图的所有点，从数量方面是网络连通优化设计问题的最优方案，而最小支撑树是边的总长度之和最小的支撑树，因此，从数量和质量方面都是最优的网络连通设计方案。

4.1.2 两个属性

1. Cut 属性

在最小支撑树的线性规划模型中，式(4-2)代表连通性约束，不等式左侧的表达式表示图的截集中至少有一条边要保留。

定义 4-4 图 $G=(V, E)$ 中，对于 $\forall S \subset V$，所有的一端在 S 中、一端不在 S 中的边构成的集合称为图的截集。

$$C = \{(i, j) \mid i \in S \subset V, j \in V-S, (i, j) \in E\}$$

例 4-2 图 4-1 的截集数量为 $6! / 2$，其中两个如图 4-2 所示。

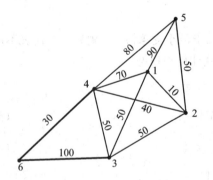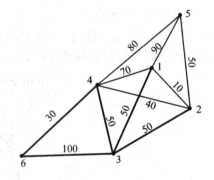

图 4-2 图的截集示例

为了保持连通图的连通性，截集是不能整个去掉的，也就是说至少要保留一条边。因此，为了保持最小支撑树的连通性，任意截集至少要有一条边是属于最小支撑树的，如果依据"贪婪法"的启发式规则，我们猜测可能最小的边属于最小支撑树。

最小支撑树的 Cut 属性：连通图 G 任意截集的最小边必属于最小支撑树。

证明：不失一般性，假设截集(e_1，e_2，$\cdots$，e_n)的最小边e_1不属于最小支撑树 $T=(V,E' \subseteq E)$，那么，根据连通性约束，截集中必然有一条边$e_i \geqslant e_1$($i=2$，$\cdots$，n)属于最小支撑树 T，此时，我们可以构造另外一个支撑树$T'=(V,E'-e_i+e_1)$具有如下性质：

如果$e_i=e_1$，则

$$\sum_{(i,j) \in T'} c_{ij} = \sum_{(i,j) \in T} c_{ij}$$

即 T' 也是最小支撑树，Cut 属性成立。

如果$e_i > e_1$，则

$$\sum_{(i,j) \in T'} c_{ij} < \sum_{(i,j) \in T} c_{ij}$$

T 不是最小支撑树，与假设矛盾。

Cut 属性得证。

2. Cycle 属性

最小支撑树的另外一个属性是无圈的，因此，任意圈上肯定有一条边不属于最小支撑树，依据"贪婪法"的启发式规则，我们猜测圈上的最大边不属于最小支撑树。

最小支撑树的 Cycle 属性：图中圈上若只有单一最大边，则此最大边一定不属于最小支撑树；若有多条最大边，则去掉任意一条最大边，不影响得到最小支撑树。总之，去掉圈上一条最大边，仍然可以得到最小支撑树。

证明：(1) 不失一般性，假设图中圈(e_1，e_2，$\cdots$，e_n)上的唯一最大边e_n属于最小支撑树 $T=(V,E' \subseteq E)$，则此时，圈上必有一条非最大边$e_i < e_n$不属于最小支撑树，我们可以构造另外一个支撑树 $T'=(V,E'+e_i-e_n)$具有如下性质：

$$\sum_{(i,j) \in T'} c_{ij} < \sum_{(i,j) \in T} c_{ij}$$

则 T 不是最小支撑树，与假设矛盾。

(2) 不失一般性，假设图中圈(e_1，e_2，$\cdots$，e_n)上有多条最大边e_i，$\cdots$，e_n，且e_i属于最小支撑树 $T=(V,E' \subseteq E)$，则在圈上必然存在一条边e_j($j \neq i$)不属于最小支撑树。

若e_j是最大边，则

$$T' = (V,E'-e_i+e_j)$$

仍是最小支撑树，且

$$\sum_{(i,j) \in T'} c_{ij} = \sum_{(i,j) \in T} c_{ij}$$

也就是说，e_i可以不属于最小支撑树T'。因此，去掉e_i不会影响最小支撑树的求解。

若$e_j < e_i$，则

$$\sum_{(i,j) \in T'} c_{ij} < \sum_{(i,j) \in T} c_{ij}$$

与 T 是最小支撑树的假设矛盾。因此，去掉e_i不会影响最小支撑树的求解，只是影响了最小支撑树的遍历。

因此，可以得到最小支撑树的 Cycle 属性，也就是去掉圈上的最大边，不会影响一个最小支撑树的解。

4.1.3 三大算法

1. Prim 算法

依据 Cut 属性，我们可以想象，寻找一个图的截集就是对图执行一个 Cut 的操作，每 Cut 一次，就能找到一条属于最小支撑树的边。因此，最节省的情况下只要找到 $|V|-1$ 个适当的截集，就可以找到最小支撑树的 $|V|-1$ 条边。

Prim 算法就是通过设计了一个截集序列，找到了最小支撑树的所有边。Prim 算法从 S 中包含任意一个点开始，得到一个截集，从而可以找到一条最小边作为最小支撑树的第一条边，然后将这条边上的不在 S 中的点加入 S 中，得到下一个截集，以此类推。算法的步骤如下：

步骤 1：令点集 $S=\{v_1\}\subset V$，由 S 确定的截集记为 Cut(S)，边集 $E(T)=\varnothing$。

步骤 2：不失一般性，记截集 Cut(S) 的一条最小边为

$$e_{\min}=\underset{e_i\in\text{Cut}(S)}{\operatorname{argmin}}c(e_i)$$

记 $e_{\min}$ 不在 S 中的邻接点为 $V(e_{\min})$，则令

$$E(T)=E(T)\bigcup e_{\min}$$

$$S=S\bigcup V(e_{\min})$$

步骤 3：如果 $S=V$，则算法停止，否则重复步骤 2。

例 4-3 利用 Prim 算法求解图 4-1 的最小支撑树。

步骤 1：首先令 $S=\{6\}$，则 Cut$(S)=\{(6,3),(6,4)\}$，$E(T)=\varnothing$，得到最小边为 $e_{\min}=(6,4)$，如图 4-3 所示。

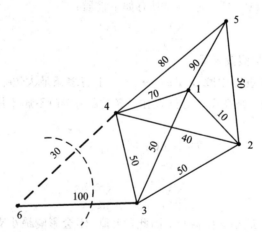

图 4-3 例 4-3 求解步骤 1 的结果

步骤 2：$(6,4)$ 是最小支撑树上的边，令 $E(T)=E(T)\bigcup e_{\min}=\{(6,4)\}$，$S=S\bigcup V(e_{\min})=\{6,4\}$，则

$$\text{Cut}(S)=\{(6,3),(4,1),(4,2),(4,3),(4,5)\}$$

得到最小边 $e_{\min}=(4,2)$，如图 4-4 所示。

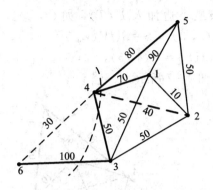

图 4 - 4 例 4 - 3 求解步骤 2 的结果

步骤 3：(4, 2)是最小支撑树上的边，令 $E(T) = E(T) \cup e_{\min} = \{(6, 4), (4, 2)\}$，$S = S \cup V(e_{\min}) = \{6, 4, 2\}$，则

$$\text{Cut}(S) = \{(6, 3), (4, 1), (4, 3), (4, 5), (2, 1), (2, 3), (2, 5)\}$$

得到最小边 $e_{\min} = (1, 2)$，如图 4 - 5 所示。

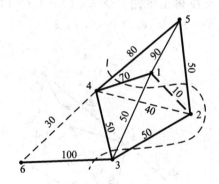

图 4 - 5 例 4 - 3 求解步骤 3 的结果

步骤 4：(1, 2)是最小支撑树上的边，令 $E(T) = E(T) \cup e_{\min} = \{(6, 4), (4, 2), (1, 2)\}$，$S = S \cup V(e_{\min}) = \{6, 4, 2, 1\}$，则

$$\text{Cut}(S) = \{(6, 3), (4, 3), (4, 5), (2, 3), (2, 5), (1, 3), (1, 5)\}$$

得到最小边有三条，$e_{\min} = (2, 3)$、$(2, 5)$、$(4, 3)$，如图 4 - 6 所示。

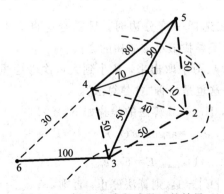

图 4 - 6 例 4 - 3 求解步骤 4 的结果

步骤 5：可以任选一条最小边加入 $E(T)$，如 $(2, 3)$。令 $E(T) = E(T) \bigcup e_{\min} = \{(6, 4)，(4, 2)，(1, 2)，(2, 3)\}$，$S = S \bigcup V(e_{\min}) = \{6, 4, 2, 1, 3\}$，则

$$Cut(S) = \{(4, 5)，(2, 5)，(1, 5)\}$$

得到最小边 $e_{\min} = (2, 5)$，如图 4-7 所示。

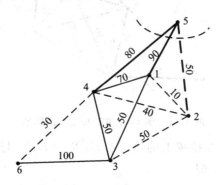

图 4-7　例 4-3 求解步骤 5 的结果

步骤 6：$(2, 5)$ 是最小支撑树上的边。令 $E(T) = E(T) \bigcup e_{\min} = \{(6, 4)，(4, 2)，(1, 2)，(2, 3)，(2, 5)\}$，$S = S \bigcup V(e_{\min}) = \{6, 4, 2, 1, 3, 5\}$，算法结束，如图 4-8 所示。

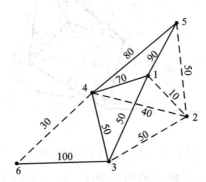

图 4-8　例 4-3 求解步骤 6 的结果

算法的思想可以总结为口诀："一点一点地切，只留截集最小边"。

2. Kruskal 算法

从构造的角度考虑，在选择一部分边时，只要避免将圈上的最大边选上就可以了。Kruskal 从构造的角度提出了寻找最小支撑树的方法。

Kruskal 法将所有的边从图中取出来，从小到大依次考虑重新加回到图中，如果不产生圈则留下，否则抛弃掉，这也是一种"贪婪算法"。

对连通图 $G = (V, E)$，Kruskal 算法的步骤如下：

步骤 1：令 $E(T) = \varnothing$，$e_{\min} = \underset{e_i \in E}{\arg\min} c(e_i)$。

步骤 2：令 $E(T) = E(T) \bigcup e_{\min}$，$E = E - e_{\min}$。

步骤 3：若 $|E(T)| = |V| - 1$，则算法停止，否则，令 $e_{\min} = \underset{e_i \in E}{\arg\min} c(e_i)$。

步骤 4：检查 $G^T = (V, E(T) \bigcup e_{\min})$，若含圈，则令 $E = E - e_{\min}$，转步骤 3，否则转步

骤 2。

例 4-4 利用 Kruskal 算法求解图 4-1 的最小支撑树。

步骤 1：令 $E(T) = \varnothing$，当前图中的最小边为 $e_{min} = \underset{e_i \in E}{\arg\min} c(e_i) = (1, 2)$，如图 4-9 所示。

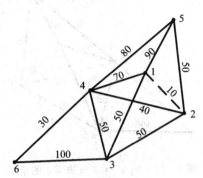

图 4-9 例 4-4 求解步骤 1 的结果

步骤 2：$(1, 2)$ 选作最小支撑树上的边，令 $E(T) = E(T) \bigcup e_{min} = \{(1, 2)\}$，$E = E - \{(1, 2)\}$，剩下图中的最小边为 $e_{min} = \underset{e_i \in E}{\arg\min} c(e_i) = (6, 4)$，如图 4-10 所示。

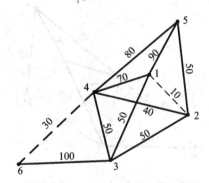

图 4-10 例 4-4 求解步骤 2 的结果

步骤 3：$(6, 4)$ 选作最小支撑树上的边，令 $E(T) = E(T) \bigcup e_{min} = \{(1, 2), (6, 4)\}$，$E = E - \{(6, 4)\}$，剩下图中的最小边为 $e_{min} = \underset{e_i \in E}{\arg\min} c(e_i) = (2, 4)$，如图 4-11 所示。

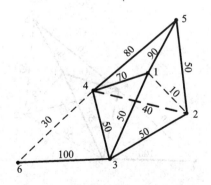

图 4-11 例 4-4 求解步骤 3 的结果

步骤4：(2,4)选作最小支撑树上的边，令 $E(T)=E(T)\bigcup e_{\min}=\{(1,2),(6,4),(2,4)\}$，$E=E-\{(2,4)\}$，剩下图中的最小边有三条，$e_{\min}=(2,3)$、$(2,5)$、$(4,3)$，如图 4-12 所示。

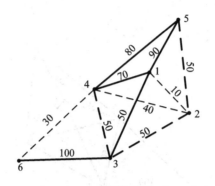

图 4-12　例 4-4 求解步骤 4 的结果

步骤5：可以任选一条最小边加入 $E(T)$，如 (2,3)。令 $E(T)=E(T)\bigcup e_{\min}=\{(1,2),(6,4),(2,4),(2,3)\}$，$E=E-\{(2,3)\}$，剩下图中的最小边有两条，$e_{\min}=(2,5)$、$(4,3)$，如图 4-13 所示。

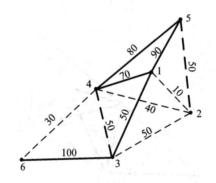

图 4-13　例 4-4 求解步骤 5 的结果

步骤6：可以任选一条最小边加入 $E(T)$，如 (2,5)。令 $E(T)=E(T)\bigcup e_{\min}=\{(1,2),(6,4),(2,4),(2,3),(2,5)\}$，$E=E-\{(2,5)\}$，剩下图中的最小边为 $e_{\min}=(4,3)$，如图 4-14 所示。

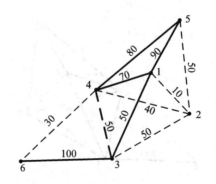

图 4-14　例 4-4 求解步骤 6 的结果

步骤 7：此时，$E(T)$ 中已经有 5 条边满足支撑树点数和边数的关系，算法停止。可以看到，此时，若再加入任意边，都会产生圈。

算法的步骤可以总结为口诀："一边一边地连，先连最小边，不能产生圈"。

3. 破圈法

破圈法是指利用 Cycle 属性，逐步去掉圈上的最大边，最终得到最小支撑树。其步骤总结为口诀："一圈一圈地破，破掉圈上最大边"。

对于连通图 $G=(V,E)$，破圈法的步骤总结如下：

步骤 1：令 $E(T)=E$。

步骤 2：在图上找到一个圈 $E(\text{Cycle})$，设其最大边为 $e_{\max}=\underset{e_i\in E(\text{Cycle})}{\operatorname{argmax}}\ c(e_i)$。

步骤 3：令 $E(T)=E(T)-e_{\max}$，若 $|E(T)|=|V|-1$，算法停止，否则转步骤 2。

4.1.4　拓展应用：k-聚类分析

聚类就是一种寻找数据之间一种内在结构的技术。聚类把全体数据实例组织成不同的组，处于相同分组中的数据实例彼此相近，处于不同分组中的实例彼此相远。对一个集合 $V=\{v_1,v_2,\cdots,v_n\}$ 中的对象，在已知对象之间差异性度量的情况下，将其分为由类似的对象组成的多个类 V_i 的过程，称为聚类分析，其中

$$V=\bigcup_{i=1}^{k}V_i,\ k=2,\cdots,n-1$$
$$V_i\bigcap V_j=\varnothing$$

分成两个类的称作 2-聚类，分成三个类的称作 3-聚类，分成 k 个类的称作 k-聚类。

聚类的依据是对象之间的差异性，设对象 v_i，v_j 之间的差异性为 d_{ij}，则 d_{ij} 小的对象应该在一个类中，不同类之间的对象的差异性应该最大化，可以表达为以下目标函数：

$$\max z=\min\{d_{ij}\mid v_i,v_j\ 不在一个类中\}$$

如果我们将对象看成是图 $G=(V,E)$ 上的点，而点之间的边的权重就是对象之间的差异性度量，那么我们可以在图 G 上来研究这个问题。

由于

$$\{(v_i,v_j)\mid v_i\in S,v_j\in V-S,(v_i,v_j)\in E\}$$

是图 G 的截集，因此

$$z=\min\{d_{ij}\mid v_i\in S,v_j\in V-S,(v_i,v_j)\in E\}$$

就是求截集中最小边的长度，而根据最小支撑树的 Cut 属性，截集上的最小边属于最小支撑树，因此，

$$\max z=\min\{d_{ij}\mid v_i\in S,v_j\in V-S,(v_i,v_j)\in E\}$$

就是求解最小支撑树上的最大边。

如果想把集合 V 分成 2 类，只要去掉最小支撑树的最大边，将最小支撑树分成 2 个连通子图，就可以实现目的。因此，2-聚类分析的算法就是在图上求解最小支撑树，然后去掉最大边，分成两个不再连通的部分，就完成了一个 2-聚类分析。

k-聚类分析就是去掉最小支撑树上的 $k-1$ 条最大边就可以了。

使用最小支撑树进行 k-聚类分析的步骤如下：

步骤 1：将聚类的对象集合 V 看作图 $G=(V,E)$ 的点集，将对象之间的差异性 d_{ij} 作为

点之间边 $(i, j) \in E$ 的权重。

步骤 2：求解 G 的最小支撑树 $T = (V, E')$。

步骤 3：去掉 T 上的 $k-1$ 条最大边，得到 k 个相互不连通的连通子图 $G_i = (V_i, E'_i) i = 1, \cdots, k$，则 V_i 是第 i 类的点集合。

例 4-5 某电子企业需要在 10 台机器上生产 15 种电子零件。企业准备将机器分成若干组，使零件在不同机器上生产的"差异"最小。零件 i 在机器 j 上生产的"差异"定义为

$$d_{ij} = 1 - \frac{n_{ij}}{n_{ij} + m_{ij}}$$

其中，n_{ij} 表示机器 i 和机器 j 上都可以生产的零件数量；m_{ij} 表示只能在机器 i 和机器 j 其中之一生产的零件数量。根据表 4-1 给出的数据，求将机器分成两组和三组的解。

表 4-1　机器可生产的零件对应关系

机器	可以生产的零件
1	1，6
2	2，3，7，8，9，12，13，15
3	3，5，10，14
4	2，7，8，11，12，13
5	3，5，10，11，14
6	1，4，5，9，10
7	2，5，7，8，9，10
8	3，4，15
9	4，10
10	3，8，10，14，15

将机器看作图上的点，相互之间的差异 d_{ij} 作为点之间边的权重，可以得到图模型，然后求解图的最小支撑树。

步骤 1：将不同机器生产的零件按照表 4-1 所示的对应关系输入 Matlab 的 cell 结构变量中，可以得到：

A = {[1, 6]，[2, 3, 7, 8, 9, 12, 13, 15]，[3, 5, 10, 14]，[2, 7, 8, 11, 12, 13]，[3, 5, 10, 11, 14]，[1, 4, 5, 9, 10]，[2, 5, 7, 8, 9, 10]，[3, 4, 15]，[4, 10]，[3, 8, 10, 14, 15]}

步骤 2：按照差异的定义，计算 d_{ij}：

```
for i=1:10
    for j=1:10
        n = length(intersect(A{i}, A{j}));
        nm = length(union(A{i}, A{j}));
        d(i, j) = 1-n/nm;
    end
end
```

步骤 3：将 d 作为邻接矩阵，求解图的最小支撑树：

G = graph(d)

T = minspantree(G);

plot(T，'EdgeLabel'，T. Edges. Weight)；

结果如图 4 - 15 所示。

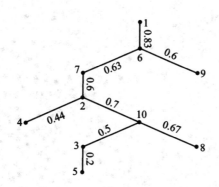

图 4 - 15　机器差异性最小支撑树

步骤 4：若要将机器分成 2 组，则去掉最小支撑树上的一条最大边就可以达到目的（见图 4 - 16(a)），若要将机器分成 3 组，再去掉一条最大边即可（见图 4 - 16(b)），以此类推。

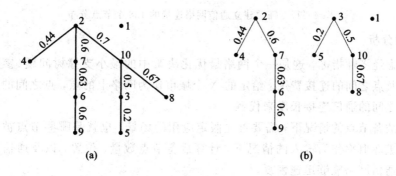

图 4 - 16　利用最小支撑树对图上的点进行 2 - 聚类和 3 - 聚类

4.1.5　拓展应用：战备通信节点的建设问题

1. 问题描述

构建将 N 个城市作为节点的有线通信网络，在每个城市内设置一架专用网络连接设备，请设计通信网络的最经济连接方案。同时，为了增加抗毁性，可以在 N 个城市之外的地方构建一定数量的战备节点，战备节点平时不工作，当出现应急突发情况、通信网络中断时，可以启用战备节点，迅速地恢复通信网络的连通性，请设计战备节点的建设方案。设计时应充分考虑经济性和抗毁性。经济性是指要考虑节省网络连接的总费用，而抗毁性是指要提高网络在节点故障的情况下仍然保持连通的能力。

现已知 138 个城市（见图 4 - 17）建设网络节点的选址的经纬度坐标，请为通信网络的优化设计提供优化方法。

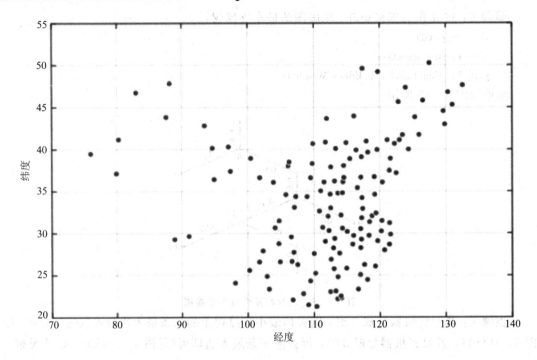

图 4-17 需要建立通信网络连接的 138 个节点分布

2. 问题分析

若只考虑经济性指标，这是一个网络最优化决策中的最小支撑树问题（参见 4.1 节），输入是点以及点之间的连接费用。给定的 N 个城市作为网络上的点，点之间的通信连接费用可以用点之间的通信连接长度来代替。

在考虑战备节点的情况下，需要首先假定应用的场景，也就是哪些节点被破坏或者不同节点不同破坏概率作为输入的情况下，计算战备节点数量、位置，以及通信连接方式以使被破坏的通信网络能够迅速恢复。

3. 最经济的连通方案

根据已知通信网络节点的选址经纬度坐标，可以计算相互之间的距离，这是一种简要的代替节点之间通信连接建设费用的方法。然后利用网络最优化中的最小支撑树求解算法，求解通信线路总长度最短的建设方案。假设将 N 个城市的经纬度坐标（度）存储到 $N \times 2$ 维变量 Cord 中，其第一列存储的是点的纬度信息，第二列存储的是经度信息，共有 N 行，每行对应一个城市选址点，可得到：

```
%N * 2 维矩阵 Cord 存储城市经纬度坐标信息
N=length(Cord');
A = zeros(N);
for i=1:N
    A(i, :) = distance(Cord(i, 2), Cord(i, 1), Cord(:, 2), Cord(:, 1));
end
G=graph(A);
[SpanT, pred] = minspantree(G);
```

求得的以距离度量的最经济的通信线路建设方案如图 4-18 所示。

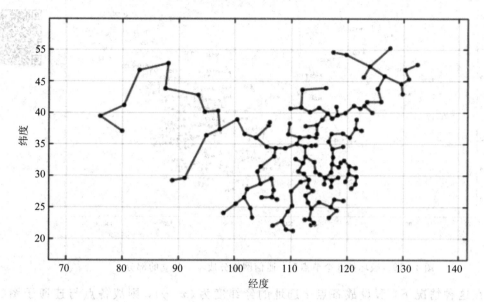

图 4-18 以距离度量的最经济的通信线路建设方案

4. 最经济的恢复方案

预备建设战备节点的集合为 N_b，使通信节点 $N_d \subseteq V$ 被破坏的情景下，网络 $G' = (V - N_d, E - E(N_d))$，可以对网络进行连通性分析

$$[\text{bin}, \text{binsize}] = \text{conncomp}(G')$$

其中，bin 代表返回一个长度为 $|V - N_d|$（网络 G' 中点的个数）的向量，$\text{bin}(i) = j$ 代表网络中的点 i 位于第 j 个连通分量，binsize 代表返回向量的长度等于 G' 连通子图的个数，$\text{binsize}(i)$ 代表第 i 个连通分量的点的个数。

例如，去掉第 53、56 和 105 个城市之后，网络分成相互不连通的 4 个部分，如图 4-19 所示。Matlab 代码如下：

```
nodeIDs = [53, 56, 105];
SpanT = rmnode(SpanT, nodeIDs); G = rmnode(G, nodeIDs); IDs(nodeIDs) = [];
    Cord(nodeIDs, :) = []; raw(nodeIDs, :) = []; ILabels(nodeIDs) = [];
[bin, binsize] = conncomp(SpanT);
linecolor = rand(length(binsize), 3);
for i = 1: length(binsize)
    idx = find(bin == i);
    SG = subgraph(SpanT, idx);
    SGCord = Cord(idx, :);
    p = plot(SG, 'XData', SGCord(:, 1), 'YData', SGCord(:, 2), 'ZData', zeros(1, length
(SGCord)), 'NodeLabel', ILabels(idx));
    p.EdgeColor = linecolor(1, :);
end
```

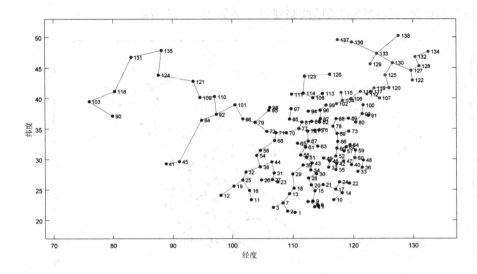

图 4-19 破坏掉 3 个节点后，通信网络分成 4 个独立的部分

在这种情况下，假设战备点 i 选址的经纬度为 (x, y)，则战备点与连通子图 $G_j = (V_1, E_1)$ 的距离定义为战备点 i 与 G_j 中点的距离的最小值，即

$$d_{ij} = \min\{\text{distance}(x, y, v_j(1), v_j(2))\}$$

$$\hat{e}_{ij} = \text{argmin}\{\text{distance}(x, y, v_j(1), v_j(2))\}$$

其中，$v_j(1)$ 和 $v_j(2)$ 为点 $v_j \in V$ 的经度和纬度，distance() 为计算两点之间的球面距离。

连通子图 G_j 和 G_k 的距离定义为两者之间点的距离的最小值，即

$$d_{jk} = \min\{\text{distance}(v_j(1), v_j(2), v_k(1), v_k(2))\}$$

$$\hat{e}_{jk} = \text{argmin}\{\text{distance}(v_j(1), v_j(2), v_k(1), v_k(2))\}$$

那么定义恢复基图为

$$\hat{G} = (\hat{V}, \hat{E})$$

$$\hat{V} = N_b \bigcup \bigcup_{j=1}^{\text{length(binsize)}} G_j$$

$$\hat{E} = \{\hat{e}_{ij} \mid i \in N_b, j \in G_j\}$$

其中，length() 代表求向量的长度。

求解恢复基图的最小支撑树

$$\hat{G} = (\hat{V}, \hat{E})$$

$$[ST, \text{pred}] = \text{minspantree}(\hat{G})$$

则最小支撑树的边就是通信线路建设方案。

例如，在增加一个战备点，并且选址为 BackupCord 的情况下，计算连通子图之间的最短距离，可以得到恢复基图以及恢复基图上的边与原图中的边的对应关系，Matlab 代码如下：

```
for i=1: length(binsize)
    for j=(i): length(binsize)
        idx = find(bin == i);
        idy = find(bin == j);
```

```
            [val, I] = min(A(idx, idy));
            [val, J]= min(val);
            I = I(J);
            RecoverBaseA(i, j) = val;
            RecoverBaseEdge{i, j} =[I, J];
        end
    end
    for i=1: length(binsize)
        idx = find(bin == i);
        [X, I]= min(distance(Cord(idx, 2), Cord(idx, 1), BackupCord(2), BackupCord(1)));
        RecoverBaseA(TestCount+length(binsize), i) = X;
        RecoverBaseA(i, TestCount+length(binsize)) = X;
        RecoverBaseEdge{TestCount+length(binsize), i}=[TestCount+length(binsize), I];
        RecoverBaseEdge{i, TestCount+length(binsize)}= I, TestCount+length(binsize)];
    end
    RecoverBaseA = RecoverBaseA + RecoverBaseA';
```

在恢复基图的基础上，求解最小支撑树，得到的最小支撑树的边集$\hat{V}$所对应的原图中边集就是要建设的通信网络连接。

思考：请思考一下，4.1.2 节所述的最小支撑树的 Cut 属性，与恢复基图边的定义有什么关系？为什么恢复基图的最小支撑树可以作为战备点选址已定的情况下的最经济连接方案？

这样有了战备点的选址，就可以计算最经济的建设方案。战备点的选址可以采用遗传算法（参见 9.5 节）等元启发式算法进行求解，这里不再展开。

4.2　最短路问题

4.2.1　线性规划模型

在网络 $G=(V, E)$ 中，边 $(i, j)\in E$ 的权值（长度、时间、费用等的抽象）为 c_{ij}，寻找从起点 $s\in V$ 到终点 $t\in V$ 的最短路 P，就称为最短路问题。目标函数是位于最短路上的边的总长度最短，即

$$\min z = \sum_{(i, j)\in E} c_{ij} x_{ij}$$

其中，$x_{ij}\in\{0, 1\}$ 是决策变量，$x_{ij}=1$ 代表边 (i, j) 是最短路上的边，否则不是。

约束条件是，对于起点 s 来讲

$$\sum_{i=1}^{|V|} x_{si} - \sum_{i=1}^{|V|} x_{is} = 1$$

对于终点 t 来讲

$$\sum_{i=1}^{|V|} x_{it} - \sum_{i=1}^{|V|} x_{ti} = 1$$

对于网络中的其他点 $k \in V - s - t$ 来讲

$$\sum_{i=1}^{|V|} x_{ik} - \sum_{i=1}^{|V|} x_{ki} = 0$$

4.2.2 最优性条件

在图 $G = (V, E)$ 上，为每个点 v_j 引入一个标号 $\{d_j, v_j\}$，d_j 代表从 s 出发到达 v_j 的某条已知道路的长度，v_i 是这条道路上与 v_j 邻接的上一个点。

最优性条件：如果图上的所有的点的标号满足以下条件：

$$d_i + c_{ij} \geqslant d_j, \ \forall (i, j) \in E$$

则图上任意点 v_i 的标号 d_i 都代表从 s 点到当前点 v_i 的最短路长度。

证明：必要性证明。如果所有点上的标号代表从起点到当前点的最短路的长度，则必有 $d_i + c_{ij} \geqslant d_j$。

充分性证明。如果点上的标号满足条件 $d_i + c_{ij} \geqslant d_j$，令 $s = i_1 - i_2 - \cdots - i_k = j$ 代表从起点 s 到 j 的一条路 P，则有

$$d_j = d_{i_k} \leqslant d_{i_{k-1}} + c_{i_{k-1} i_k} \leqslant d_{i_{k-2}} + c_{i_{k-2} i_{k-1}} + c_{i_{k-1} i_k} \leqslant \cdots \leqslant \sum_{(i, j) \in P} c_{ij}$$

因此，d_j 是从 s 到 j 的任意路的长度的下界，因此必有 d_j 代表从 s 到 j 的最短路的长度。

4.2.3 标号法

1. 标号更新操作

假设对于图上的某个边 (v_i, v_j)，其长度为 c_{ij}，两个端点的标号分别为 $\{d_i, v_{i1}\}$，$\{d_j, v_{j1}\}$，如图 4-20 所示。曲线边代表从 s 到箭头端点的某条路，值代表这条路的长度；直线边代表图上的边，值代表这条边的长度。

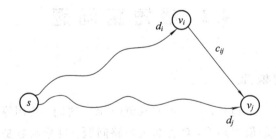

图 4-20 标号示意图

若

$$d_i + c_{ij} < d_j$$

可以执行标号更新操作

$$d_j = d_i + c_{ij}$$
$$v_{j1} = v_i$$

代表的含义是从 s 出发到点 v_j，找到了一条更短的路。

2. 标号固定操作

假设图上的边的长度均非负，那么在任意时刻，图上的最小标号对应的点为

$$v_{\min} = \operatorname*{argmin}_{v_i \in V}\{d_i\}$$

此时，可以将 $v_{\min}$ 的标号固定下来，不再考虑更新，也可称其为永久标号。因为根据标号更新操作的条件，永久标号不可能再更新。对于任意其他点的标号，有

$$d_i \geqslant d_{\min}$$

不可能存在标号更新条件：

$$d_i + c_{ij} < d_{\min}, \, v_j = v_{\min}$$

直观理解就是，从 s 出发到任意其他与 v_j 邻接的点 v_i，再经过边 (v_i, v_j) 到永久标号点 v_j，都不可能更短了。但是确定永久标号的前提是 $c_{ij} \geqslant 0$，当图中有负边的时候，不能确定永久标号。

3. 标号设定法

所谓标号设定法(Dijkstra 算法)，就是针对图上不存在负值边的 G，在求解最短路的时候，每次更新标号后，都确定一个最小的标号点作为永久标号点，不再考虑标号的更新，直到所有的标号都固定下来后，算法结束。标号设定法的步骤如下：

步骤 1：设起点的标号为 $(0, \varnothing)$，其他点的标号为 $(\infty, \varnothing)$，$S = \{s\}$。

步骤 2：更新 $\{v_j \,|\, (v_i, v_j) \in E, v_i \in S\}$ 的标号。

步骤 3：令 $v_{\min} = \operatorname*{argmin}_{v_i \in V-S}\{z_i\}$，$S = S \bigcup \{v_{\min}\}$。

步骤 4：如果 $S = V$，则算法停止，否则转步骤 2。

例 4-6 在图 4-21 中，求解从 $S=1$ 到 $t=5$ 的最短路。

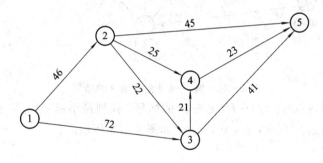

图 4-21 例 4-6 图

步骤 1：设起点的标号为 $(0, \varnothing)$，其他点的标号为 $(\infty, \varnothing)$，$S = \{v_1\}$，如图 4-22 所示。

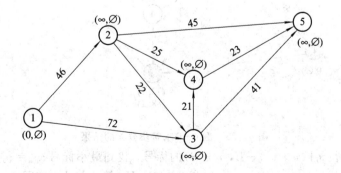

图 4-22 例 4-6 求解步骤 1 的结果

步骤 2：更新 $\{v_j \mid (v_i, v_j) \in E, v_i \in S\}$ 的标号，找到最小标号 $v_{\min} = v_2$，将其标号固定下来，令 $S = S \cup \{v_{\min}\} = \{v_1, v_2\}$，如图 4-23 所示。

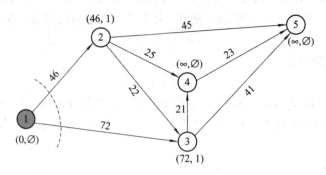

图 4-23 例 4-6 求解步骤 2 的结果

步骤 3：更新 $\{v_j \mid (v_i, v_j) \in E, v_i \in S\}$ 的标号，找到最小标号 $v_{\min} = v_3$，将其标号固定下来，$S = S \cup \{v_{\min}\} = \{v_1, v_2, v_3\}$，如图 4-24 所示。

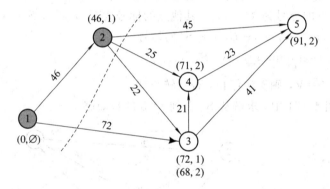

图 4-24 例 4-6 求解步骤 3 的结果

步骤 4：更新 $\{v_j \mid (v_i, v_j) \in E, v_i \in S\}$ 的标号，找到最小标号 $v_{\min} = v_4$，将其标号固定下来，令 $S = S \cup \{v_{\min}\} = \{v_1, v_2, v_3, v_4\}$，如图 4-25 所示。

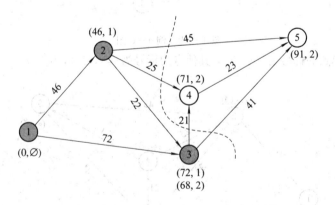

图 4-25 例 4-6 求解步骤 4 的结果

步骤 5：更新 $\{v_j \mid (v_i, v_j) \in E, v_i \in S\}$ 的标号，找到最小标号 $v_{\min} = v_5$，将其标号固定下来，令 $S = S \cup \{v_{\min}\} = \{v_1, v_2, v_3, v_4, v_5\}$。$S = V$，算法停止，如图 4-26 所示。

因此可得最短路的长度为 91，最短路可以根据标号逆推得到。

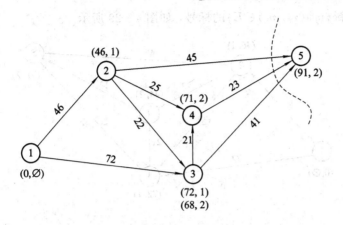

图 4-26 例 4-6 求解步骤 5 的结果

4. 标号更新法

所谓标号更新法，是指在求解最短路的时候，迭代地应用标号更新操作，直到所有的点的标号都无法更新为止，也就是满足 $d_j \leqslant d_i + c_{ij}$。标号更新法的步骤如下：

步骤 1：设起点的标号为 $\{0, \varnothing\}$，其他点的标号为 $\{\infty, \varnothing\}$。

步骤 2：更新 $\{v_j \mid (v_i, v_j) \in E\}$ 的标号。

步骤 3：如果没有标号可以更新，则算法停止，否则转步骤 2。

例 4-7 在图 4-27 中，求解从 $S=1$ 到 $t=5$ 的最短路。

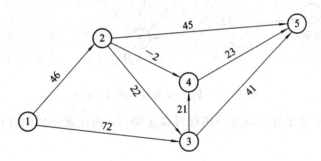

图 4-27 例 4-7 图

步骤 1：设起点的标号为 $\{0, \varnothing\}$，其他点的标号为 $\{\infty, \varnothing\}$，如图 4-28 所示。

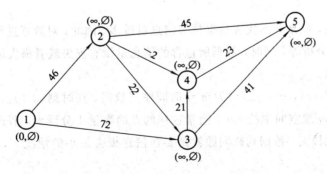

图 4-28 例 4-7 求解步骤 1 的结果

步骤2：更新 $\{v_j | (v_i, v_j) \in E\}$ 的标号，如图 4-29 所示。

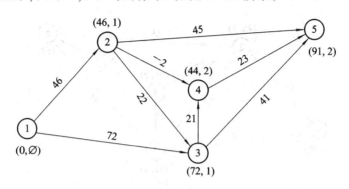

图 4-29 例 4-7 求解步骤 2 的结果

步骤3：更新 $\{v_j | (v_i, v_j) \in E\}$ 的标号，没有标号可更新，算法停止，如图 4-30 所示。

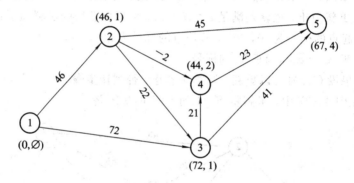

图 4-30 例 4-7 求解步骤 3 的结果

值得注意的是，由于算法没有利用标号固定操作，因此即使图中存在负权边，仍然能够得到最短路。

4.2.4 拓展应用：数据约减

1. 问题描述

数据包含信息，但是并不代表数据越多信息量越多。因此，对数据进行约减，可方便信息的存储、读取、分析等，同时，数据所包含的信息量没有损失或者损失最小化，这个问题称为数据约简问题。

假设 $f_1(t), f_2(t), \cdots, f_m(t)$ 为 m 个时间序列数据，在时刻 t_i，$(f_1(t_i), f_2(t_i), \cdots, f_m(t_i))$ 可以看作 m 维空间中的点 v_i，通常这样的点的数量十分巨大，假设为 N，因此，占用的存储空间也比较大。数据约减问题就是要在信息损失最小的情况下，使用较少的点来代替所有的点。

假设 v_i 和 $v_j (i < j)$ 之间的点都被约减掉，那么，节省的存储空间可以度量为

$$H = \alpha(j - i - 1)$$

但是这样有可能会导致信息的损失和失真，设原数据为 v_i，v_{i+1}，$\cdots$，v_j，约减之后的数据，如果通过插值的方法补齐，得到的完整时间序列将会是 v_i，v'_{i+1}，$\cdots$，v'_{i+k}，$\cdots$，v_j，其中

$$v'_{i+k} = \frac{i+k}{j-i}v_j + \frac{k+j-2i}{j-i}v_i, \ i+k \leqslant j$$

则信息损失的度量为

$$\Gamma = \sum_{k=1}^{j-i-1} d(v'_{i+k}, v_{i+k})$$

数据约减的目标就是要使信息损失的误差尽量小，同时存储的空间尽量小。可以建立基于最短路的数据约减模型如下：

对于图 $G=(V, E)$，点集 $V=\{v_i | i=1, 2, \cdots, N\}$ 包含飞参数据空间中的所有的点，E 包含任意两个点 v_i 到 v_j $(i<j)$ 的边，两点之间边的长度为

$$c_{ij} = -H + \beta\Gamma$$

那么，在图 G 上寻找一条从 v_1 到 v_N 之间的最短路，就可以找到一种在最小化存储空间和最小化信息损失之间的最优方案。当然，对信息损失和存储要求的权衡可以通过调整参数 α 和参数 β 来实现。

2. 模型建立

如果要完全地罗列出图 G 的所有弧，由于点的总数 N 很大，因此为了存储所有的弧所需的空间仍然很大。为了降低计算对存储空间的需求，可以采用降度的思路，迭代完成数据的约减，每步迭代只构造图 G 的部分弧。

如果将问题的建模降到 2 度，也就是对于任意一个点 v_i，有 v_{i-2}，v_{i-1}，v_{i+1}，v_{i+2} 存在，则 v_i 与其邻接，且仅可能与这些点邻接，我们称之为半径为 2 的数据约减最短路模型。

那么，任意的两个点 v_i $(i=1, 2, \cdots, N-2)$ 和 v_{i+1} 与 v_{i+2} 之间的弧的长度为

$$c_{ij} = \begin{cases} 0, & j=i+1 \\ -\alpha+\beta\Gamma, & j=i+2 \end{cases}$$

算法的计算步骤如下：

步骤 1：令 $G=(V, \varnothing)$。

步骤 2：在当前的图 G 上计算半径为 2 以内的点之间的边的长度，建立半径为 2 的数据约减最短路模型 $G=(V, E_2)$。

步骤 3：求解 G 上从起点 v_1 到终点 v_N 的最短路 P，删除不在最短路上的点及与之邻接的边，令

$$G = (V(P), E_2 - E_2(V(P)))$$

步骤 4：重复步骤 2 和步骤 3，直到最短路上包含当前图 G 上的所有点，也就是数据没有办法再约减了。

其中，求最短路的子程序不能使用标号设定法，因为标号设定法不适用于计算弧的权重有负值的情况，可以使用标号更新法。

3. 计算实例分析

假设有一组按时间序列记录的数据，三个参数分别为 A、B 和 C，数据如表 4 - 2 所示。

表 4-2 模拟飞参数据片段

时间序号	A	B	C	时间序号	A	B	C
1	62.5	0.3	0.4	20	11.6	0.3	0.4
2	57.3	0.7	0.8	21	11.6	0.3	0.4
3	51.6	0.7	0.3	22	11.6	0.3	0.4
4	46	0.7	0.3	23	11.2	0.3	0.4
5	41.1	0.7	0.3	24	10.1	0.7	0.4
6	36.5	0.7	0.3	25	8.7	0.3	0.4
7	31.2	0.3	0.3	26	9.1	0.3	0.4
8	26	0.7	0.3	27	10.5	0.7	0.4
9	21.4	0.3	0	28	11.2	0.7	0.4
10	18.2	0.3	0	29	11.6	0.7	0
11	15.8	0.3	0.4	30	11.2	0.7	0.4
12	13.7	0.3	0.4	31	10.5	0.7	0.4
13	11.8	0.3	0.4	32	9.1	0.7	0.8
14	11.2	0.3	0.4	33	9.1	0.7	0.3
15	11.6	0.7	0.4	34	9.4	0.7	0.3
16	11.6	0.3	0.4	35	9.1	0.7	0.3
17	11.6	0.3	0.4	36	9.1	0.7	0.3
18	11.6	0.3	0.4	37	9.8	0.7	0.3
19	11.6	0.3	0.4	38	9.8	0.7	0.3

首先对数据进行无量纲化处理，得到的结果如图 4-31 所示。

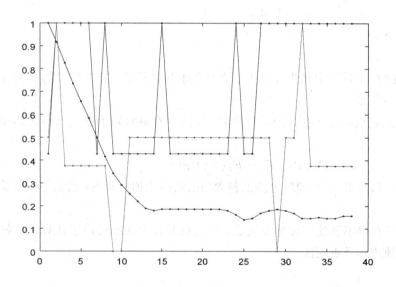

图 4-31 对飞参数据进行无量纲化处理后的数据

按照间隔为 2 的跨度建立最短路问题模型，则对于这个样本数据来讲，无损数据约减后(令 $\alpha=1$，$\beta=1\,000\,000$)剩余 33 个点，也就是有 5 个点是完全信息量意义下的冗余点(见图 4-32)，这 5 个点的序号分别是 17，18，19，20，21。

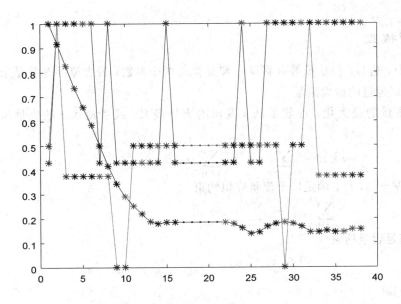

图 4-32　无损数据约减后得到的数据序列，使用 * 标识

如果信息可以有损失，则可以有更多的点被约减掉，令 $\alpha=1$，则随着 β 值的变化，被约减的点的数量统计如图 4-33 所示。

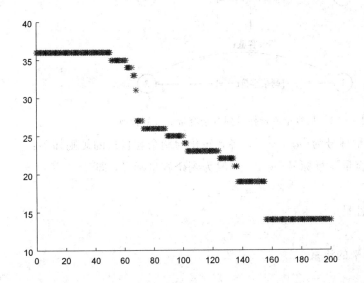

图 4-33　$\alpha=1$ 情况下，随着 β 值的增加，可以约减飞参数据的个数

当然，算例的样本挑选的是数据波动相对来说比较多的一个片段，对于一般样本来讲，会有大量的数据可以进行无损数据约减，算法可以比较有效地和灵活地减少数据存储空间。

4.3 最大流问题

4.3.1 线性规划模型

在图 $G=(V, E)$ 中,边 $(i, j) \in E$ 带有容量 u_{ij} 和流量 x_{ij} 两个参数,最大流问题就是求解从起点 s 到终点 t 可以通过的最大流量。

目标函数是网络流量的最大化,也就是从 s 发出的流量最大,或者流入 t 的流量最大,即

$$\max z = \sum_{(s, j) \in E} x_{sj} = \sum_{(i, t) \in E} x_{it}$$

对于图上的点 $k \in V-\{s, t\}$,满足以下流量守恒约束

$$\sum_{(i, k) \in E} x_{ik} - \sum_{(k, i) \in E} x_{ki} = 0$$

任意边上的流量还要满足容量约束

$$0 \leqslant x_{ij} \leqslant u_{ij}$$

4.3.2 剩余容量图

为了更加直观地在图上使用标号法求解图的最大流,将容量流量标号变换为剩余容量标号。从容量流量标号到剩余容量标号的方法如图 4-34 所示。

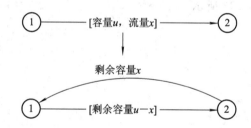

图 4-34 从容量流量标号到剩余容量标号的转换

对边 (i, j) 的容量流量标号为 $[u_{ij}, x_{ij}]$,将其转化为剩余容量边的规则如下:

(1) 将 (i, j) 原来的容量流量标号 $[u_{ij}, x_{ij}]$ 改为剩余容量标号,即

$$r_{ij} = u_{ij} - x_{ij}$$

(2) 边 (j, i) 的剩余容量

$$r_{ji} = x_{ij}$$

也即逆向剩余容量等于原来的流量。

4.3.3 增广链法

利用剩余容量图法,计算图上从 s 到 t 的最大流的步骤如下:

步骤 1:将图 $G=(V, E)$ 的边都转化为剩余容量标号。

步骤 2:在剩余容量图上找到一条从 s 到 t 的任意路 p,若找不到,则转步骤 4;否

则计算

$$r_{\min} = \min\{r_{ij} \mid (i, j) \in p\}$$

步骤 3：在 p 上扩充流量，即执行以下运算

令

$$r_{ij} = r_{ij} - r_{\min}, \ \forall (i, j) \in p$$
$$r_{ji} = r_{ji} + r_{\min}, \ \forall (i, j) \in p$$

转步骤 2。

步骤 4：将剩余容量图上所有的边，转换为容量流量标号。也就是对于边 (i, j)，其容量为 u_{ij}，流量 $x_{ij} = r_{ji} = u_{ij} - r_{ij}$，由此可以得到最大流的方案，且最大流的数值为

$$z = \sum_{(s, \ j) \in E} x_{sj}$$

例 4-8 在图 4-35 所示的容量图中，求从 S 到 t 的最大流。

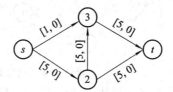

图 4-35　例 4-8 图

步骤 1：将图 $G = (V, E)$ 的边都转化为剩余容量标号，在剩余容量图上找到一条从 s 到 t 的任意路 p，并计算最大可扩充流量 $r_{\min} = 5$，如图 4-36 所示。

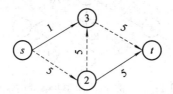

图 4-36　例 4-8 求解步骤 1 的结果

步骤 2：在 p 上扩充流量，即执行以下运算：

$$r_{ij} = r_{ij} - r_{\min}, \ \forall (i, j) \in p$$
$$r_{ji} = r_{ji} + r_{\min}, \ \forall (i, j) \in p$$

结果如图 4-37 所示。

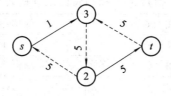

图 4-37　例 4-8 求解步骤 2 的结果

步骤 3：在剩余容量图上找到一条从 s 到 t 的任意路 p，并计算最大可扩充流量，如图 4-38 所示。

$$r_{\min} = 1$$

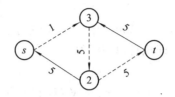

图 4-38 例 4-8 求解步骤 3 的结果

步骤 4：在 p 上扩充流量，即执行以下运算：

$$r_{ij} = r_{ij} - r_{\min} \mid (i, j) \in p$$
$$r_{ji} = r_{ji} + r_{\min} \mid (i, j) \in p$$

结果如图 4-39 所示。

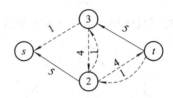

图 4-39 例 4-8 求解步骤 4 的结果

步骤 5：在剩余容量图上找不到一条从 s 到 t 的路 p，算法停止，将剩余容量图上所有的边，转换为容量流量标号。也就是对于边 (i, j)，其容量为 u_{ij}，流量 $x_{ij} = r_{ji} = u_{ij} - r_{ij}$，得到网络最大流为 6，结果如图 4-40 所示。

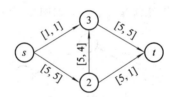

图 4-40 例 4-8 求解步骤 5 的结果

4.3.4 拓展应用：弹药目标最大化匹配问题

不同类型的弹药适合轰炸不同类型的目标，如果匹配不得当，轰炸效果会大打折扣。在某次空中进攻作战任务规划中，有 A、B、C、D、E 五类弹药各一个单位，计划打击 6 个目标。6 个目标最适合使用的弹药如表 4-3 所示。

表 4-3 待打击目标和弹药之间的可匹配关系

待打击目标	适合的弹药
1	C, D, E
2	A
3	A, B
4	A, B, E
5	B
6	A, E

请问最多能打击几个目标?

将待打击目标和弹药都看作图上的点,弹药和目标之间有一条边,容量为 1,代表弹药目标的匹配关系,增加一个虚拟的起始点 *s* 和一个虚拟的终点 *t*,建立最大流模型如图 4-41 所示,则图上的从 *s* 到 *t* 的任意一个单位流,都代表一个弹药目标匹配,最大流是由单位流组成的,代表最大的匹配关系。

步骤 1:根据表 4-3 建立图模型:

A(1, 2: 7)=1;

A(2, 10: 12)=1;

A(3, 8)=1;

A(4, 8: 9)=1;

A(5, [8 9 12])=1;

A(6, 9)=1;

A(7, [8 12])=1;

A(8, 12, 13)=1;

A(13, 13)=0;

names = {'s' '目标 1' '目标 2' '目标 3' '目标 4' '目标 5' '目标 6' 'A' 'B' 'C' 'D' 'E' 't'};

G = digraph(A, names)

步骤 2:求解图上的最大流,得到最优匹配方案:

[mf, GF] = maxflow(G, 1, 13, 'augmentpath')

结果如图 4-41 所示,代表一种最大的匹配关系,最大的匹配数目为 4。因此,最多可以打击的目标为 4 个。

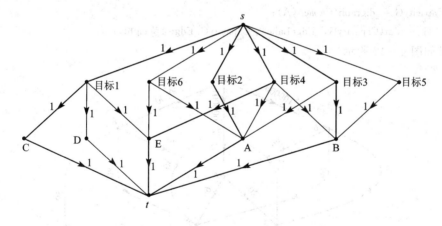

图 4-41 弹药目标匹配问题的最大流

4.3.5 拓展应用:最大投送能力评估问题

最大投送能力是机动能力的重要度量。现假定需要从三个仓库 6、7、8 将后勤物资运送到目的地 1。道路上的容量取决于这条路上可用运输工具的数量、容量以及往返次数。表 4-4 给出了相应路线上的每天的最大运输能力,也就是容量。请评估三个仓库到目的地的最大投送能力。

表 4 - 4   仓库到目的地之间的道路投送能力

起点	终点	最大投送能力(梯队/天)	起点	终点	最大投送能力(梯队/天)
1	2	10	4	8	80
1	3	10	3	5	20
2	3	20	3	6	20
2	4	50	3	7	20
2	8	50	5	6	80
4	5	60	5	7	60
4	6	60	5	8	70
4	7	80			

若将仓库和目的地都看作图上的点,仓库到目的地之间的道路投送容量设为边上的容量值,为图 4 - 42 增加一个虚拟的起点 s 连接到所有的仓库,增加一个虚拟的终点 t 连接到所有的营地,则可以使用最大流模型进行求解。

步骤 1:建立容量网络,将表 4 - 4 的数据存储到 CapacityA 矩阵中,在 Matlab 中建立有向图模型:

    CapacityG = digraph(CapacityA);
      H = plot(CapacityG, 'EdgeLabel', CapacityG. Edges. Weight);

结果如图 4 - 42 所示。

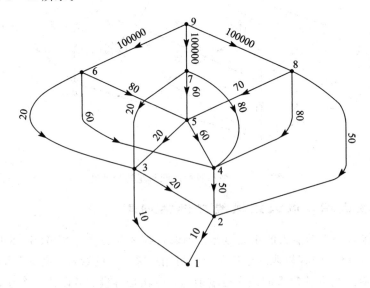

图 4 - 42   投送能力评估的容量图模型

步骤 2 ：求解从 9 到 1 的最大流：

[mf，GF] = maxflow(CapacityG，9，1，'augmentpath')

H. EdgeLabel = {}；

highlight(H，GF，'EdgeColor'，'r'，'LineWidth'，2)；

st = GF. Edges. EndNodes；

labeledge(H，st(:，1)，st(:，2)，GF. Edges. Weight)；

求得结果如图 4 - 43 所示。

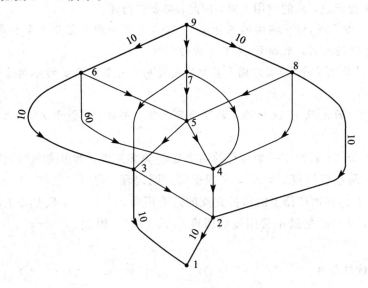

图 4 - 43　最大投送能力的解

可见，在这个问题中，通过建立最大流问题模型，计算得到最大的投送能力为 20。

4.4　最小费用流问题

4.4.1　线性规划模型

在图 $G = (V，E)$ 中，边 $(i，j) \in E$ 上的参数包括容量 u_{ij}、单位流量费用 c_{ij} 和实际流量 x_{ij}，一些称为源点或者汇点的点上具有参数 b_i，代表点上纯供应流量或者纯消耗流量，供应点的供应流量要流经网络到达需求点满足其需求，最小费用流问题就是求解从源点 s 到汇点 t 的最小费用流方案。可以表示为以下线性规划模型

$$\min z = \sum_{(i，j) \in E} c_{ij} x_{ij}$$

$$\sum_{(i，j) \in E} x_{ij} - \sum_{(k，i) \in E} x_{ki} = b_i$$

$$0 \leqslant x_{ij} \leqslant u_{ij}$$

运输问题、最短路问题以及 4.5.1 节的指派问题均可看作最小费用流问题的特例。

4.4.2 三个最优性条件

1. 负圈最优性条件

定理 4-1 一个网络流方案是最小费用流的充分必要条件是，剩余容量图中不存在单位流量费用为负的增广圈。

证明：首先证明必要性。若剩余容量图中存在增广圈，且其扩充流量的费用为负，则可以在这个圈上扩充流量，总的费用下降，因此，必要性得证。

前导知识：（增广圈）对于网络的可行流 x，若沿着某个剩余容量值大于零的圈 W 扩充流量，流 x 仍然保持可行，则称 W 是流 x 的增广圈。

（增广圈的单位流量费用）增广圈上单位流量费用为沿着增广圈的方向边的单位流量费用之和。

（增广圈定理）若 x' 及 x^* 是网络上的两个可行流，那么，x' 等于 x^* 加上至多 $|E|$ 个增广圈。

其次证明充分性。若对于一个可行的网络流 x^* 方案来说，如果剩余容量图上不存在负值圈了。假设某最小费用流 $x' \neq x^*$，则根据增广圈定理，我们可以将 $x'-x^*$ 分解为至多 $|E|$ 个增广圈，且这些增广圈上的可扩充流的总费用为 $cx'-cx^*$，既然没有负值圈了，因此有 $cx' \geqslant cx^*$，根据 x' 是最小费用流的假设，$cx' \leqslant cx^*$，因此 $cx'=cx^*$，x^* 也是最小费用流。

2. 势差最优性条件

定理 4-2 对每个点增加一个势值 $\pi(i)$，$i \in V$，如果存在一组势值使以下不等式成立

$$c_{ij} - \pi(i) + \pi(j) \geqslant 0$$

则网络上的可行流为最小费用流，且可称 $c_{ij}^{\pi} = c_{ij} - \pi(i) + \pi(j)$ 为边 (i,j) 的势差。

证明：对于网络上的可行流 x^*，若存在势值使势差 $c_{ij}^{\pi} = c_{ij} - \pi(i) + \pi(j) \geqslant 0$ 成立，则网络上任意增广圈 W 上的势差之和，即

$$\sum_{(i,j) \in W} c_{ij}^{\pi} = \sum_{(i,j) \in W} c_{ij} \geqslant 0$$

不存在负值增广圈。因此，根据负圈最优性条件，充分性得证。

下面证明必要性。

前导知识：若网络中存在负圈，则最短路无下界。

若网络上的可行流 x^* 为最小费用流，则不存在负圈，因此，网络上从起点到任一点的最短路有界，令 z_i 代表网络上从某个起点到点 i 的最短路长度标号，则根据最短路最优性条件有

$$c_{ij}^{\pi} = c_{ij} + z_i - z_j \geqslant 0$$

因此，若令任意点 $i \in V$ 的势值为

$$\pi(i) = -z_i$$

则有

$$c_{ij} - \pi(i) + \pi(j) = c_{ij} + z_i - z_j \geqslant 0$$

故必要性得证。

3. 互补松弛最优性条件

定理 4-3 一个网络流方案 x^* 是最小费用流的充分必要条件是，存在这么一组势值使以下条件成立：

$$如果 c_{ij}^\pi > 0，则 x_{ij}^* = 0$$
$$如果 0 < x_{ij}^* < u_{ij}，则 c_{ij}^\pi = 0$$
$$如果 c_{ij}^\pi < 0，则 x_{ij}^* = u_{ij}$$

证明：必要性证明。首先，若一个网络流方案 x^* 是最小费用流，则满足势差最优性条件，因此 $c_{ij}^\pi \geqslant 0$。

如果 $c_{ij}^\pi > 0$，则 $c_{ji}^\pi = -c_{ij}^\pi < 0$，只能是剩余容量图上不存在边 (j,i) 才可能成立，因此根据剩余容量图的规则（参见 4.3.2 节），$x_{ij}^* = 0$。

如果 $0 < x_{ij}^* < u_{ij}$，则可知在剩余容量图上，边 (i,j) 和 (j,i) 均存在，但是因为 $c_{ji}^\pi = -c_{ij}^\pi$，且 $c_{ij}^\pi \geqslant 0$，因此 $c_{ji}^\pi = c_{ij}^\pi = 0$。

如果 $c_{ij}^\pi < 0$，则可知剩余容量图上，不存在边 (i,j)，也即此方向无剩余容量，因此，$x_{ij}^* = u_{ij}$。

充分性证明。如果一个网络流方案 x^*，存在势值满足以上三个条件，则对于任意 $c_{ij}^\pi < 0$，可知剩余容量图上，不存在边 (i,j)，也就是对剩余容量图上的任意边 (i,j)，必有 $c_{ij}^\pi \geqslant 0$，满足势差最优性条件，因此 x^* 为最小费用流。

4.4.3 两个算法

1. 负圈消除算法

根据负圈最优性条件，不含负圈的可行流即为最小费用流，因此，可以通过消除负圈的办法，找到最小费用流。算法的步骤如下：

```
找到网络的一个可行流 x
while 剩余容量图包含负圈 W
    令 x_min = min{r_ij | (i,j) ∈ W}
    令 r_ij = r_ij - x_min, r_ji = r_ji + x_min, x_ij = x_ij + x_min, ∃(i,j) ∈ W
    如果 r_ij == 0，则在剩余容量图中删掉 (i,j)
end
```

2. 连续最短路算法

记网络上的一个非饱和可行流 $x = \{x_{ij} | 0 \leqslant x_{ij} \leqslant u_{ij}\}$，假设存在一组势 π，使其满足势差最优性条件。令 d 代表从某个点 s 在剩余容量图上到其他点的最短路（边 (i,j) 的长度用 c_{ij}^π 表示），则以下性质成立：

(1) 如果把点的势更新为 $\pi'(i) = \pi(i) - d(i)$，$\forall i \in V$，则非饱和可行流仍然满足势差最优性条件。

(2) 从 s 到某点的最短路上的势差 c_{ij}^π 为 0。

对于性质 (1)，因为存在势值 π 使流 x 满足势差最优性条件，所以
$$c_{ij}^\pi \geqslant 0，\forall (i,j) \in 剩余容量图 G$$
因为 $d(j)$ 代表从 s 到 j 的最短路（边 (i,j) 的长度用 c_{ij}^π 表示），所以满足最短路的最优

性条件

$$d(j) \leqslant d(i) + c_{ij}^\pi$$

因此有

$$d(j) \leqslant d(i) + c_{ij}^\pi = d(i) + c_{ij} - \pi(i) + \pi(j)$$

即得

$$c_{ij} - (\pi(i) - d(i)) + (\pi(j) - d(j)) \geqslant 0$$

也即 x 在势值 $\pi(i) - d$ 下，也满足势差最优性条件。

另外，从 s 到任意点的最短路上的任意边 (i, j)，必定有

$$d(j) = d(i) + c_{ij}^\pi = d(i) + c_{ij} - \pi(i) + \pi(j)$$

因此有

$$c_{ij}^{\pi'} = c_{ij} - (\pi(i) - d(i)) + (\pi(j) - d(j)) = 0$$

定理 4-4 假设存在一组势 π，使非饱和可行流 x 满足势差最优性条件。在 x 的基础上通过沿着某条从 s 到 k 的最短路扩充流量得到 x'，x' 也满足势差最优性条件。

证明：令 d 代表从某个点 s 在剩余容量图上到其他点的最短路（边 (i, j) 的长度用 c_{ij}^π 表示），则在新的势值 $\pi'(i) = \pi(i) - d(i)$ 下，x 仍然满足势差最优性条件。

从 s 到 k 的最短路上的边 (i, j) 有 $c_{ij}^{\pi'} = 0$，因此在此最短路上扩充流量，会在剩余容量图上增加反向边，而且此反向边的势差为 $c_{ji}^{\pi'} = -c_{ij}^{\pi'} = 0$，因此，新的非饱和可行流 x' 也满足势差最优性条件。

根据以上的结论，可以从空的流量开始，逐步沿着以势差为边长剩余容量图上的最短路扩充流量，得到饱和可行流，因为此可行流一直保持势差最优性条件，因此最后可以得到最小费用流。

在图 $G = (V, E)$ 寻找流量为 K 的最小费用的连续最短路算法的步骤如下：

步骤 1：令 $k = 0$，将图 G 的边都转化为剩余容量标号。

步骤 2：在剩余容量图上找到一条从 s 到 t 的最短路 p，若找不到，则转步骤 4；否则计算

$$r_{\min} = \min\{r_{ij} \mid (i, j) \in p\}$$

步骤 3：在 p 上扩充流量，即执行以下运算

令

$$r_{ij} = r_{ij} - r_{\min}, \forall (i, j) \in p$$
$$r_{ji} = r_{ji} + r_{\min}, \forall (i, j) \in p$$
$$k = k + 1$$

如果 k 等于 K，则转步骤 4，否则，转步骤 2。

步骤 4：将剩余容量图上所有的边，转换为容量流量标号。也就是对于边 (i, j) 来讲，其容量为 u_{ij}，流量 $x_{ij} = r_{ji} = u_{ij} - r_{ij}$，由此可以得到最小费用流的方案。

4.4.4 拓展应用：网络上的最小费用最大流问题

某网络上的边的容量数值及单位流量费用如图 4-44 所示，求从起点 N_1 到终点 N_8 的最小费用最大流。

可以利用负圈消除算法。

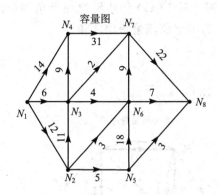

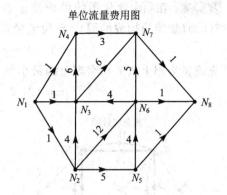

图 4-44 网络上的容量及单位流量费用参数

步骤 1：利用 4.3 节的算法求解网络上的最大流，得到结果如图 4-45 所示。

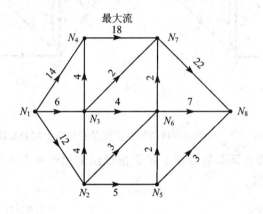

图 4-45 网络最大流

步骤 2：利用 4.3.2 节所述的方法将图 4-45 转换成剩余容量图，如图 4-46(a) 所示，其对应的单位流量费用图如图 4-46(b) 所示。在图 4-46(a) 中，若边上的单位流量费用为负，则边使用虚线表示，边上的流量使用小号的数字标识。在图 4-46(b) 中，单位流量费用为负的边也是使用虚线表示。

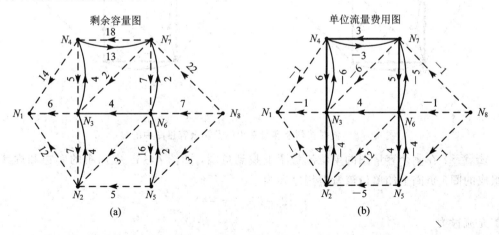

图 4-46 网络最大流的剩余容量图

步骤 3：在剩余容量图的单位流量费用图（见图 4 - 47(a)）上寻找到一个负圈（见图 4 - 47(b)）（加粗边构成的圈），单位流量费用为圈上边的单位流量费用之和

$$-5-4-5+4+6+3=-1$$

可扩充流量为圈上边的剩余容量的最小值

$$\min\{2,2,5,7,5,13\}=2$$

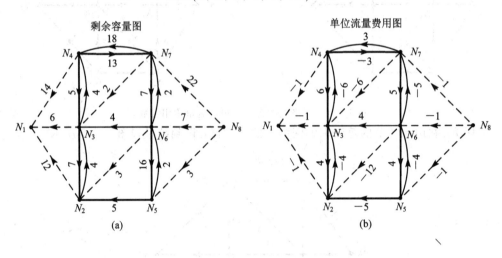

图 4 - 47　在剩余容量图的单位流量费用图上找到负圈

步骤 4：并沿着负圈在剩余容量图上扩充流量结果如图 4 - 48 所示，其中单位流量费用为负的边使用虚线标识。

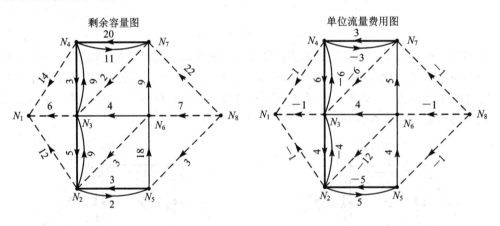

图 4 - 48　负圈在剩余容量费用图及剩余容量图中的显示

步骤 5：在剩余容量图的单位流量图上找到负圈，如图 4 - 49 中加粗的实边和虚线边所组成的圈。负圈上的单位流量费用之和为

$$-12+5+4=-3$$

可扩充流量为

$$\min\{3,2,18\}=2$$

然后在负圈上扩充流量，直到没有负圈为止，如图 4-50 所示，其中单位流量费用为负的边使用虚线来表示，单位流量费用为负的边上的流量使用小号字体来表示。

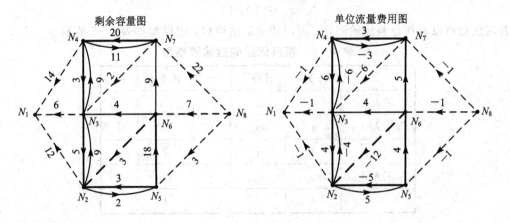

图 4-49　找到负圈

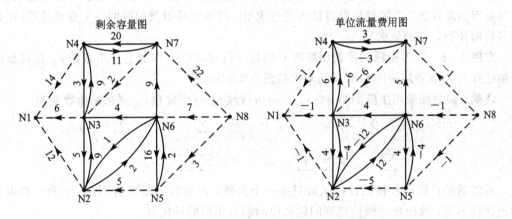

图 4-50　在负圈上扩充流量，直到没有负圈为止

4.5　二分匹配问题

4.5.1　指派问题

指派问题就是为 n 个人（机器）分别指派一个工作（作业）的问题，目标是最小化总的工作时间，约束是人与工作一一对应。设第 i 个人做第 j 个工作的时间预计为 c_{ij}，令 $x_{ij}=1$ 代表指派第 i 个人做第 j 个工作，否则 $x_{ij}=0$ 代表第 i 个人不做第 j 个工作，则可以建立如下线性规划模型

$$\min z = \sum_{i,j} c_{ij} x_{ij}$$

$$\sum_{i=1}^{n} x_{ij} = 1$$

$$\sum_{j=1}^{n} x_{ij} = 1$$
$$x_{ij} \in \{0, 1\}$$

指派问题也可以看作是假运输问题，可以建立运输模型，表模型如表 4-5 所示。

表 4-5 指派问题的运输表模型

	任务 1	任务 2	⋯	任务 n	
工人 1	c_{11}	c_{12}	⋯	c_{1n}	1
工人 2	c_{21}	c_{22}	⋯	c_{2n}	1
⋮	⋮	⋮	⋮	⋮	⋮
工人 n	c_{n1}	c_{n2}	⋯	c_{nn}	1
	1	1	1	1	

可以使用线性规划的单纯形法、运输问题的表上作业法，或者建立最小费用流模型，使用负圈消除算法、连续最短路算法等进行求解。这里介绍指派问题的一个重要性质(也是著名的匈牙利算法的依据)。

定理 4-5 如果指派问题费用矩阵 $\boldsymbol{C}$ 的任一行或者任一列加上一个常数 c，得到新的费用矩阵 $\boldsymbol{C}'$ 与原费用矩阵 $\boldsymbol{C}$ 对应的最优指派方案相同。

证明：假设在费用矩阵的第 $k \in \{1, \cdots, n\}$ 行加上一个常数 c，则目标函数变为

$$\min z' = \sum_{j \in \{1, \cdots, n\}} (c_{kj} - c) x_{kj} + \sum_{i \in \{1, \cdots, k-1, k+1, \cdots, n\}} \sum_{j \in \{1, \cdots, n\}} c_{ij} x_{ij}$$
$$= \sum_{j=1}^{n} c x_{kj} + \sum_{i=1}^{n} \sum_{j=1}^{n} c_{ij} x_{ij} = c + \sum_{i=1}^{n} \sum_{j=1}^{n} c_{ij} x_{ij}$$

所以新的目标函数和原目标函数只差一个常数，而系数向量保持不变。另外，约束条件也保持不变，因此新的线性规划问题和原问题有相同的最优解。

匈牙利算法就是利用了这个定理，将费用矩阵进行变换，如果可以得到 n 个独立(不同行不同列)的 0 元素，则这 n 个 0 元素所对应的指派方案就是最优方案，否则，还要进一步变换以得到 n 个独立的 0 元素。

算法步骤如下：

匈牙利算法

步骤 1：对于每行，减去那一行的最小数。

步骤 2：对于每列，减去那一列的最小数。

步骤 3：利用最少数量的线覆盖所有的 0，如果线的数量为 m，则停止计算。

步骤 4：从未被覆盖的元素中减去 d(未覆盖元素的最小者)，所有被线覆盖两次的元素加上 d，被直线覆盖一次的元素保持不变，转步骤 3。

匈牙利算法步骤 3 的具体细节

步骤 1：找到只有一个未被线覆盖的 0 元素，圈出来列。(如果任意的行或者列里，未被线覆盖的 0 元素都不是一个，则任意选择一个)

步骤 2：如果圈出来的元素的行只有一个 0，则在这一列画一条线。如果圈出来的元素的列只有一个 0，则在其对应的行画一条线。如果所有的行或列都具有两个或者两个以

上的 0，则在最多 0 的行或者列画一条线。

步骤 3：重复步骤 2 直到所有的圈都被线覆盖。如果线的数量等于 m，则圈出来的元素就是最优指派。

例 4-9 假设要为五名员工指派工作，员工承担某项工作所需花费的时间（费用矩阵）如表 4-6 所示，请给出一个最优的指派方案，使完成五项工作总的工作时间最短。

表 4-6 员工承担不同工作所需要的时间

	工作 1	工作 2	工作 3	工作 4	工作 5
员工 1	1	1	7	5	2
员工 2	7	9	6	5	4
员工 3	1	9	10	9	9
员工 4	1	8	7	5	9
员工 5	6	2	9	2	1

依据定理 4-5，在每一列都减去所在列的最小值得到新的费用矩阵如表 4-7 所示，并且能够找到 5 个独立的 0 元素，这五个 0 元素就可以对应一个指派方案，这个指派方案是最优的。

表 4-7 最优的指派方案

	工作 1	工作 2	工作 3	工作 4	工作 5
员工 1	0	0	1	4	1
员工 2	6	8	0	4	3
员工 3	0	8	4	8	8
员工 4	0	7	1	0	8
员工 5	5	1	3	1	0

但是，需要注意的是，我们不是每次都可以这么幸运。当通过一步计算得不到可行的指派方案的时候，就需要进一步地调整。

4.5.2 稳定婚配问题

稳定婚配问题是一个典型的二分匹配问题。有 n 位单身男士和 n 位单身女士，对异性的喜欢程度虽然不能量化，但是总可以比较，得出对 n 个异性中意程度的排序，这样的婚姻匹配组合有很多种。如果一个婚姻出现这种情况则称为不稳定的：两个人 A 和 B 没有结合，但是对彼此都比现在的实际婚姻对象更加中意。如果一种婚配组合中没有不稳定婚姻，则称之为稳定婚配。

假设第 i 位男士对第 j 位女士的排序为 m_{ij}，第 i 位女士对第 j 位男士的排序为 w_{ij}，可以使用贪婪启发式的思路来求解稳定婚配，基本思想是每个男士都向他最喜欢的女士求婚，女士会接收到多个求婚请求，她会从中选择她最喜欢的人结婚，而拒绝其他人的请求。被拒绝的男士会在他的偏好列表中选择下一位最喜欢的女士求婚。

算法的基本过程如下：在每次迭代中，从尚未婚配的男士集合 List 中选择一个 $i \in$ List，i 向他最中意的尚未求过婚的女士 j 求婚，如果女士 j 尚未约会，则她就会接受并暂时与 i

约会。如果女士 j 已经和 k 有约会，并且更加喜欢 k，则 j 就要重新回到 List 中，如果 j 更加喜欢 i，则她将会和 i 约会，k 将会回到 List 中。算法循环进行直到 List 为空。

例 4-10 在实际中，个人的工作的兴趣与能力未必吻合，如果出现个人发现了更感兴趣且更擅长的工作，在收入相等的情况下，换工作就是情理之中的事情，因此，只有当每个人都有工作，且暂时没有更擅长和更感兴趣的工作岗位可替代的时候，工作关系才是稳定的。假设有 5 个员工，都有自己对 5 个工作的兴趣排序，如表 4-8 所示，而对于每个工作，每个员工工作能力排序也是已知的，如表 4-9 所示，请给出一个最优的指派，使工作指派最稳定，也就是没有哪个员工被分配了一个工作 i，但是他对另外一个工作 j 的能力更强且兴趣更高。

表 4-8　员工工作兴趣的排序

	对工作兴趣的排序				
员工 1	1	2	3	4	5
员工 2	2	1	3	4	5
员工 3	1	2	4	3	5
员工 4	5	4	3	2	1
员工 5	3	4	5	1	2

表 4-9　员工工作能力的排序

	员工工作能力的排序				
工作 1	3	2	1	4	5
工作 2	1	2	3	4	5
工作 3	1	2	4	3	5
工作 4	4	5	1	2	3
工作 5	3	4	1	2	5

设 A 代表指派方案集合，集合中的元素为二元组 (i, j)，代表员工 i 指派给工作 j。

步骤1：尚未指定工作的员工集合为 List $= \{1, 2, 3, 4, 5\}$，员工 1 向工作 1 求职成功，如表 4-10 所示。

表 4-10　员工 1 向工作 1 求职

	对工作兴趣的排序				
员工 1	1	2	3	4	5
员工 2	2	1	3	4	5
员工 3	1	2	4	3	5
员工 4	5	4	3	2	1
员工 5	3	4	5	1	2

$$A = \{(1, 1)\}$$
$$\text{List} = \{2, 3, 4, 5\}$$

步骤2：员工 2 向工作 2 求职成功，如表 4-11 所示。

表 4-11　员工 2 向工作 2 求职

	对工作兴趣的排序				
员工 1	1	2	3	4	5
员工 2	2	1	3	4	5
员工 3	1	2	4	3	5
员工 4	5	4	3	2	1
员工 5	3	4	5	1	2

$$A = \{(1,1), (2,2)\}$$
$$\text{List} = \{3, 4, 5\}$$

步骤 3：员工 3 向工作 1 求职，工作 1 的工作能力员工 3 更强，员工 1 被辞退，如表 4-12 所示。

表 4-12　员工 3 向工作 1 求职

	对工作兴趣的排序				
员工 1	1	2	3	4	5
员工 2	2	1	3	4	5
员工 3	1	2	4	3	5
员工 4	5	4	3	2	1
员工 5	3	4	5	1	2

$$A = \{(3,1), (2,2)\}$$
$$\text{List} = \{1, 4, 5\}$$

步骤 4：员工 1 向工作 2 求职，工作 2 的工作能力员工 1 更强，员工 2 被辞退，如表 4-13 所示。

表 4-13　员工 1 向工作 2 求职

	对工作兴趣的排序				
员工 1	1	2	3	4	5
员工 2	2	1	3	4	5
员工 3	1	2	4	3	5
员工 4	5	4	3	2	1
员工 5	3	4	5	1	2

$$A = \{(3,1), (1,2)\}$$
$$\text{List} = \{2, 4, 5\}$$

步骤 5：员工 2 向工作 1 求职失败，接着向工作 3 求职成功，如表 4-14 所示。

表 4-14　员工 2 向工作 3 求职成功

	对工作兴趣的排序				
员工 1	1	2	3	4	5
员工 2	2	1	3	4	5
员工 3	1	2	4	3	5
员工 4	5	4	3	2	1
员工 5	3	4	5	1	2

$$A = \{(3,1), (1,2), (2,3)\}$$
$$\text{List} = \{4, 5\}$$

步骤 6：员工 4 向工作 5 求职成功，如表 4-15 所示。

表 4 – 15　员工 4 向工作 5 求职

	对工作兴趣的排序				
员工 1	1	2	3	4	5
员工 2	2	1	3	4	5
员工 3	1	2	4	3	5
员工 4	5	4	3	2	1
员工 5	3	4	5	1	2

$$A = \{(3,1),(1,2),(2,3),(4,5)\}$$
$$\text{List} = \{5\}$$

步骤 7：员工 5 向工作 3 求职失败，接着向工作 4 求职成功，如表 4 – 16 所示。

表 4 – 16　员工 5 向工作 4 求职成功

	对工作兴趣的排序				
员工 1	1	2	3	4	5
员工 2	2	1	3	4	5
员工 3	1	2	4	3	5
员工 4	5	4	3	2	1
员工 5	3	4	5	1	2

$$A = \{(3,1),(1,2),(2,3),(4,5),(5,4)\}$$
$$\text{List} = \varnothing$$

指派完毕，得到的是一个稳定的工作指派。

习　题　4

1. (基本题)最小支撑树问题的应用背景是什么？搜索相关资料，请回答支撑树类的应用还有哪些问题？具体的应用背景是什么？

2. (基本题)请根据图 4 – 51 的邻接矩阵求解图的最小支撑树。

3. (基本题)8 个对象相互之间的差异性度量数据如表 4 – 17 所示，请根据这个数将 8 个对象分成两类，使不同类的对象之间的差异性最大。

0	219	143	100	215	228	160	148
219	0	184	149	109	107	210	207
143	184	0	184	175	201	173	112
100	149	184	0	183	202	141	129
215	109	175	183	0	136	213	232
228	107	201	202	136	0	179	169
160	210	173	141	213	179	0	127
148	207	112	129	232	169	127	0

图 4 – 51　邻接矩阵图(一)

表 4 – 17　对象之间的差异性度量数据

	a	b	c	d	e	f	g	h
a	0	10	13	7	14	6	11	4
b	10	0	10	9	6	6	11	10
c	13	10	0	2	6	11	15	6
d	7	9	2	0	8	17	12	3
e	14	6	6	8	0	10	6	11
f	6	6	11	17	10	0	4	8
g	11	11	15	12	6	4	0	20
h	4	10	6	3	11	8	20	0

4. (提高题)在战场上，一种降低敌方战斗力的有效方法是破坏他们的通信系统。情报侦察部门告诉你有 15 个敌兵，他们的网络有 14 条通信线路，可以覆盖所有的敌兵。信息可以在任何两个士兵之间通过通信线路进行交换。1 号士兵是总指挥，其他只有一个邻居的士兵是前线士兵。你的上级命令你切断一些通信线路，使网络中的任何前线士兵不能将他们从战场收集到的信息反馈给总指挥官(1 号士兵)。有一种设备可以选择一些通信线路来切断，切断所需的功率不能大于设备的上限功率 110 瓦。切断不同通信线路所需的功率如图

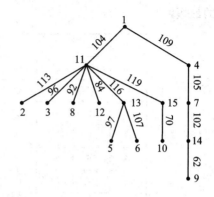

图 4-52　不同通信线路所需的功率

4-52 中边上的权值所示，问切断所有前线与总指挥官联系所花费的总功率最少是多少？

5. (提高题)某大学准备为学生宿舍安装空调。由于学校的历史较长，旧的电路无法承载重负荷，因此需要设置新的高负荷电线。为了降低成本，两间宿舍之间的每一根电线都被视为一段。现在，已经知道了所有宿舍和发电厂的位置，以及每米高负荷电线的成本，在这样的情形下，在所有宿舍都能供电的前提下，高负荷电线的成本最低，这是最小策略。但是又被告知有两个宿舍之间的电线太多，我们无法在这两个宿舍之间设置新的高负荷电线，否则会有潜在的风险。问题是在规划高负荷电线方案之前并不知道到底是哪两个宿舍。那么根据上面描述的最小策略，怎么估算项目的最高成本呢？其中，图中两点之间边的权值代表两个宿舍之间铺设高负荷电线所需要的成本，图的邻接矩阵如图 4-53 所示。

0	53	18	48	32	57	30	44	39	23	26	45	20	46	36	66
53	0	61	38	64	61	83	20	58	30	47	98	69	97	65	87
18	61	0	44	15	45	28	58	57	31	18	45	32	36	19	49
48	38	44	0	37	22	72	51	76	31	25	89	69	79	37	50
32	64	15	37	0	32	40	66	71	37	17	57	47	43	3	34
57	61	45	22	32	0	71	72	91	47	31	89	76	74	29	29
30	83	28	72	40	71	0	74	57	53	46	17	23	18	43	68
44	20	58	51	66	72	74	0	38	28	49	86	56	90	68	95
39	58	57	76	71	91	57	38	0	45	61	62	34	75	75	105
23	30	31	31	37	47	53	28	45	0	21	69	42	67	39	67
26	47	18	25	17	31	46	49	61	21	0	63	45	55	18	46
45	98	45	89	57	89	17	86	62	69	63	0	30	22	60	83
20	69	32	69	47	76	23	56	34	42	45	30	0	41	51	81
46	97	36	79	43	74	18	90	75	67	55	22	41	0	45	63
36	65	19	37	3	29	43	68	75	39	18	60	51	45	0	30
66	87	49	50	34	29	68	95	105	67	46	83	81	63	30	0

图 4-53　邻接矩阵图(二)

6. (基本题)某图的邻接矩阵如图 4-54 所示，使用计算机求解从第 1 个点到第 10 个

点的最短路。

0	85	36	68	51	58	58	11	71	61
85	0	87	29	40	86	34	75	36	29
36	87	0	62	48	24	54	36	60	72
68	29	62	0	18	58	11	58	10	33
51	40	48	18	0	49	8	41	22	30
58	86	24	58	49	0	54	55	53	78
58	34	54	11	8	54	0	47	17	28
11	75	36	58	41	55	47	0	62	50
71	36	60	10	22	53	17	62	0	42
61	29	72	33	30	78	28	50	42	0

图 4-54 邻接矩阵图(三)

7.(提高题)某图的邻接矩阵 1 如图 4-55 所示,边长代表两点之间的距离。其邻接矩阵 2 中的数值代表两点之间的旅行时间,如图 4-56 所示。

0	85	36	68	51	58	58	11	71	61
85	0	87	29	40	86	34	75	36	29
36	87	0	62	48	24	54	36	60	72
68	29	62	0	18	58	11	58	10	33
51	40	48	18	0	49	8	41	22	30
58	86	24	58	49	0	54	55	53	78
58	34	54	11	8	54	0	47	17	28
11	75	36	58	41	55	47	0	62	50
71	36	60	10	22	53	17	62	0	42
61	29	72	33	30	78	28	50	42	0

图 4-55 邻接矩阵图(四)

0	6	28	6	27	11	24	29	12	14
28	0	14	22	2	27	24	3	8	30
25	24	0	29	28	25	18	19	11	19
16	12	21	0	13	18	11	6	18	27
26	25	20	28	0	9	26	26	26	9
28	15	11	7	24	0	18	6	10	20
14	14	25	23	5	8	0	16	13	19
11	3	31	12	6	15	28	0	27	30
20	3	31	13	19	13	11	12	0	4
29	4	6	6	18	17	3	31	0

图 4-56 邻接矩阵图(五)

在这种情况下,请使用计算机设计程序回答以下问题:

(1)从第 1 个点到第 10 个点的最短距离是多少?其对应的旅行时间是多少?

(2)从第 1 个点到第 10 个点的最短旅行时间是多少?其对应的距离是多少?

8.(提高题)某修理厂使用一台设备,在每年年初,要决定购买新设备还是继续使用旧设备。如购置新设备,要支付一定的购置费(见表 4-18),新设备的维修费用低。如继续使用旧设备,可以省去购置费,但维修费用高(见表 4-19)。请帮助设计一个五年内的设备更新计划,使五年内购置费用和维修费用总支出最小。

表 4-18　未来五年年初购置一台
新设备的价格

年份	1	2	3	4	5
年初价格	11	11	12	12	13

表 4-19　不同使用年数下的设备的
年维修费用

使用年数	0	1	2	3	4
维修费用	5	6	8	11	18

9. (基本题)三名士兵押送三名俘虏回营地,需要乘船渡过一条河,这只船每次最多只能坐两人,如果在河的某一岸俘虏的数量超过士兵的数量,俘虏就会造反。设计一个乘船方案的网络模型,保证可以安全地把俘虏押送回营地。

10. (基本题)假定你的手里有一些美元,要兑换成黄金,下面是查到的汇率表(见表4-20),怎样做才能使你兑换到最多的黄金?

表4-20 汇率表

	英镑	欧元	日元	瑞士法郎	美元	黄金
英镑	1.0000	0.6853	0.005 29	0.4569	0.6368	208.100
欧元	1.4599	1.0000	0.007 721	0.6687	0.9303	304.028
日元	189.050	129.520	1.0000	85.4694	120.400	39 346.7
瑞士法郎	2.1904	1.4978	0.11574	1.0000	1.3929	455.200
美元	1.5714	1.0752	0.008 309	0.7182	1.0000	327.250
黄金	0.004 816	0.003 295	0.000 025 5	0.002 201	0.003 065	1.0000

11. (基本题)不同类型的弹药适合轰炸不同类型的目标,如果匹配不得当,轰炸效果会大打折扣。在某次空中进攻作战任务规划中,有A、B、C、D弹药各1个单位,E有2个单位,计划打击6个目标。6个目标最适合使用的弹药如表4-21所示。

表4-21 待打击目标和弹药之间的可匹配关系

待打击目标	弹药
1	C, E
2	A, D
3	A, C
4	A, E
5	B, D
6	A, E

请问最多能打击几个目标?

12. (基本题)有5个员工,都有自己对5个工作的兴趣排序(见表4-22),而对于每个工作,每个员工工作能力排序也是已知的(见表4-23),请给出一个稳定的指派。

表4-22 员工的工作兴趣的排序　　　　表4-23 员工工作能力的排序

	对工作兴趣的排序				
员工1	3	2	1	4	5
员工2	4	3	5	2	1
员工3	5	3	1	2	4
员工4	5	4	3	2	1
员工5	2	1	3	4	5

	员工工作能力的排序				
工作1	3	2	1	4	5
工作2	1	2	3	4	5
工作3	1	2	4	3	5
工作4	4	5	1	2	3
工作5	3	4	1	2	5

第5章 动态规划

5.1 多阶段决策问题

决策导致行动,行动改变系统的状态,状态影响下一个阶段的决策。从本质上说,任何决策都是动态决策的一个阶段。多阶段决策问题的一种模型建立和算法设计技术就是动态规划。

当问题的对象处于某种状态 x 时,会有一个决策集合 $\mu\{x\}$(在最优控制中,决策也称为控制),当选定某种决策 $\mu_i \in \mu\{x\}$ 并且付诸行动之后,问题的对象会从状态 x 转移为状态 y,一般可记为

$$y = f(x, \mu_i)$$

行动的成本记为

$$c(x, \mu_i) \quad \text{或} \quad c(x, y)$$

如果状态具有阶段性,也就是状态仅在相邻的阶段之间向后转移,那么这样的决策问题称为多阶段决策问题。

在多阶段决策问题中,令 $X = X_1 \bigcup X_2 \bigcup \cdots \bigcup X_n$ 代表决策问题状态的集合,X_i 代表第 $i(1 \leqslant i \leqslant n)$ 阶段的状态集合,$x_{i,j} \in X_i$ 代表第 i 阶段的某个状态,$U\{x_{i,j}\}$ 代表状态 $x_{i,j}$ 可取的决策变量集合,$\mu_{ijk} \in U\{x_{i,j}\}$ 代表 $x_{i,j}$ 的某个可选决策,则有如下关系:

$$X_{i+1} = \bigcup_{x_{i,j} \in X_i} \bigcup_{\mu_{ijk} \in U(x_{i,j})} f(x_{i,j}, \mu_{ijk})$$

从状态 x_1 开始,采用决策序列 $\pi = \{\mu_1, \mu_2, \cdots, \mu_n\}$(也称 π 为策略)的总成本为

$$J_\pi(x_1) = \sum_{i=1}^n c(x_i, \mu_i)$$

其中,$x_i = f(x_{i-1}, \mu_{i-1})$,$2 \leqslant i \leqslant n$。

多阶段决策问题的目标是寻找最优策略 π,使总成本最少,即

$$J^*(x_1) = \min_{\pi \in \Pi} J_\pi(x_1)$$

如果 $c(x, y)$ 代表状态 x 转移到状态 y 的收益,则多阶段决策问题的目标是寻找最优策略 π,使总收益最大,即

$$J^*(x_1) = \max_{\pi \in \Pi} J_\pi(x_1)$$

例 5-1(多阶段最短路问题) 对如图 5-1 所示的图求解从起点 S 到终点 E 的最短路。

如果将图 5-1 中的点看作决策问题的状态,则这个问题具有明显的阶段性,且状态仅在相邻的状态之间向后转移,因此这是一个多阶段决策问题。状态集合为

$$X = X_1 \bigcup X_2 \bigcup \cdots \bigcup X_5$$

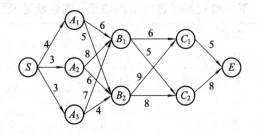

图 5-1　多阶段最短路问题

$$X_1 = \{S\}$$
$$X_2 = \{A_1, A_2, A_3\}$$
$$X_3 = \{B_1, B_2\}$$
$$X_4 = \{C_1, C_2\}$$
$$X_5 = \{E\}$$

状态转移行动的成本为两个状态之间有向边的权重。

多阶段最短路问题划分阶段的依据是图的阶段性结构。值得注意的是，不是所有的最短路问题都是多阶段决策问题。

例 5-2(背包问题)　给定 n 种物品，每种物品都有自己的质量 w_i 和价值 r_i，背包的最大承重为 W，请选择装入背包物品的种类和数量，使装入背包的物品总价值最高。

假设背包最大承重 $W=10$，可装物品的单件质量和单件价值如表 5-1 所示，可装物品的数量足够。

背包问题可以建立多阶段决策问题模型。每个阶段考虑一种物品的装入数量，以已装入背包物品的总质量作为问题的状态，状态转移收益为状态转移代表的装入物品的总价值，目标为寻找最优的决策序列，使状态转移序列的总收益最大。

表 5-1　背包问题的基本数据

物品编号	A	B	C
单位质量	3	4	5
单位价值	4	5	6

在这个问题中，总共有三种物品需要考虑，增加一个起始状态，增加一个结束状态，因此总共分为 5 个阶段。

第 1 阶段：背包为空，因此 $x_1=0$。

第 2 阶段：考虑装入 A 类物品，最多可装入 3 件，因此，决策集合为

$$U(x_1) = \{\mu_0 = 装\ 0\ 件\ A, \mu_1 = 装\ 1\ 件\ A, \mu_2 = 装\ 2\ 件\ A, \mu_3 = 装\ 3\ 件\ A\}$$

且有

$$f(x_1, \mu_0) = 0, f(x_1, \mu_1) = 3, f(x_1, \mu_2) = 6, f(x_1, \mu_3) = 9$$

因此，第 2 阶段的状态包括

$$X_2 = \{0, 3, 6, 9\}$$

记 $f(x_1, \mu_0) = x_2, f(x_1, \mu_1) = x_3, f(x_1, \mu_2) = x_4, f(x_1, \mu_3) = x_5$，则有 $c(x_1, x_2) = 0, c(x_1, x_3) = 4, c(x_1, x_4) = 8, c(x_1, x_5) = 12$。

第 3 阶段：考虑装入 B 类物品，将第 2 阶段状态作为起始状态，其对应的决策、到达状态及行动收益如表 5-2 所示。

表 5 - 2　第 2 阶段的状态对应的决策、到达状态及行动收益

起始状态	决策	到达状态	行动收益
$x_2 = 0$	$\mu_4 = $ 装 0 件 B	$f(x_2, \mu_4) = x_6 = 0$	$c(x_2, x_6) = 0$
	$\mu_5 = $ 装 1 件 B	$f(x_2, \mu_5) = x_7 = 4$	$c(x_2, x_7) = 5$
	$\mu_6 = $ 装 2 件 B	$f(x_2, \mu_6) = x_8 = 8$	$c(x_2, x_8) = 10$
$x_3 = 3$	$\mu_7 = $ 装 0 件 B	$f(x_3, \mu_7) = x_9 = 3$	$c(x_3, x_9) = 0$
	$\mu_8 = $ 装 1 件 B	$f(x_3, \mu_8) = x_{10} = 7$	$c(x_3, x_{10}) = 5$
$x_4 = 6$	$\mu_9 = $ 装 0 件 B	$f(x_4, \mu_9) = x_{11} = 6$	$c(x_4, x_{11}) = 0$
	$\mu_{10} = $ 装 1 件 B	$f(x_4, \mu_{10}) = x_{12} = 10$	$c(x_4, x_{12}) = 5$
$x_5 = 9$	$\mu_{11} = $ 装 0 件 B	$f(x_5, \mu_{11}) = x_{13} = 9$	$c(x_5, x_{13}) = 0$

因此，第 3 阶段的状态变量集合为

$$X_3 = \{x_6, x_7, x_8, x_9, x_{10}, x_{11}, x_{12}, x_{13}\}$$

第 4 阶段：考虑装入 C 类物品，将第 3 阶段状态作为起始状态，其对应的决策、到达状态及行动收益如表 5 - 3 所示。

表 5 - 3　第 3 阶段的状态对应的决策、到达状态及行动收益

起始状态	决策	到达状态	行动收益
$x_6 = 0$	$\mu_{12} = $ 装 0 件 C	$x_{14} = 0$	0
	$\mu_{13} = $ 装 1 件 C	$x_{15} = 5$	6
	$\mu_{14} = $ 装 2 件 C	$x_{16} = 10$	12
$x_7 = 4$	$\mu_{15} = $ 装 0 件 C	$x_{17} = 4$	0
	$\mu_{16} = $ 装 1 件 C	$x_{18} = 9$	6
$x_8 = 8$	$\mu_{17} = $ 装 0 件 C	$x_{19} = 8$	0
$x_9 = 3$	$\mu_{18} = $ 装 0 件 C	$x_{20} = 3$	0
	$\mu_{19} = $ 装 1 件 C	$x_{21} = 8$	6
$x_{10} = 7$	$\mu_{20} = $ 装 0 件 C	$x_{22} = 7$	0
$x_{11} = 6$	$\mu_{21} = $ 装 0 件 C	$x_{23} = 6$	0
$x_{12} = 10$	$\mu_{22} = $ 装 0 件 C	$x_{24} = 10$	0
$x_{13} = 9$	$\mu_{23} = $ 装 0 件 C	$x_{25} = 9$	0

第 5 阶段：只有一个结束状态，记为 x_{26}。从第 4 阶段的状态到 x_{26} 的状态转移收益均为 0。

5.2　网络模型

在多阶段决策问题中，如果令状态集合 $X = X_1 \cup X_2 \cup \cdots \cup X_n$ 代表网络上的点集，状态

x 到 y 的转移 $y = f(x, \mu_i)$ 作为网络上的边,而状态转移的行动费用作为边上的权重,则每一个多阶段决策问题都可以转换为一个网络模型,即

$$G = (V, E)$$

其中,

$$V = V_1 \bigcup V_2 \bigcup \cdots \bigcup V_n$$
$$V_i = X_i$$
$$E = \{(x, y) \mid y = f(x, \mu_i); \, x \in X_i, \, y \in X_{i+1}\}$$

多阶段决策问题网络模型建立的过程如下:

步骤 1:分析决策问题的状态有哪些,将时间或者步骤分成 n 个阶段,分析每个阶段的状态,由此可以确定网络上点的子集 V_i。

步骤 2:分析状态之间是否有可能存在可行的迁移,如果存在,则分析状态迁移的成本或者费用,并将其作为两点之间的状态转移费用,由此可以确定序号相邻子集之间的边及边的权重。

步骤 3:根据问题分析起始状态和最终状态,确定起点和终点。

例如,背包问题的动态规划网络模型详见 5.4.1 节。

算法方面,可以采用最短路算法(如 Dijkstra 算法)进行求解。实际上,Dijkstra 算法也是一种动态规划算法。这里介绍 Bellman 递归方程的应用形式。

5.3 Bellman 递归方程

5.3.1 最优性原则

最优性原则 对以后阶段所做出的未来决策将会产生一个最优策略,它与前面各阶段所采用的策略无关。

在多阶段决策问题的模型中,假设对阶段 k 以后所做出的最优策略为 $\pi^* = (\mu_k, \cdots, \mu_n)$,即

$$\pi^* = \underset{\pi \in \Pi}{\operatorname{argmin}} J_\pi(x_k) = \underset{\pi \in \Pi}{\operatorname{argmin}} \sum_{i=k}^{n} c(x_i, \mu_i), \, x_i \in X_i$$

则根据最优性原则,π^* 与前面各阶段 $X_1, \cdots, X_{k-1}$ 所采用的策略无关。

最优子结构定理 对满足最优性原则的多阶段决策问题,最优决策序列的子序列也是最优的。

证明:假设路径 $(A, A_1, A_2, \cdots, A_m, C, B_1, B_2, \cdots, B_n, B)$ 为从 A 到 B 的最优决策序列,那么其子序列一定也是最优的。例如,$A, A_1, A_2, \cdots, A_m, C$ 一定是从 A 到 C 的最优决策序列,$C, B_1, B_2, \cdots, B_n, B$ 也一定是从 C 到 B 的最优决策序列。利用反证法很容易证明(证明略)。

需要注意的是,如果多阶段决策问题不满足最优性原则,则不一定满足最优子结构定理,也就是说,其最优决策序列的子序列不一定是最优的。

例 5-3 某导弹部队的导弹火力单元隐蔽待机于待机地 p_1 和 p_2,接收到 3 波次火力打击任务。火力单元需要通过网络(见图 5-2)机动到某导弹仓库 $d_j (j=1, 2, \cdots, 5)$ 装载

导弹，然后通过网络机动到某一个发射点 $r_i(i=1, 2, \cdots, 30)$ 发射导弹，完成 1 波次的发射任务。整个任务需要完成 3 波次的打击。假设为了提高生存能力，在整个火力打击任务中，所有的火力单元均不会第二次使用同一个发射点，直到所有的火力单元都完成 3 波次火力打击任务为止，则可以建立如图 5-3 所示的多阶段决策问题的网络模型。

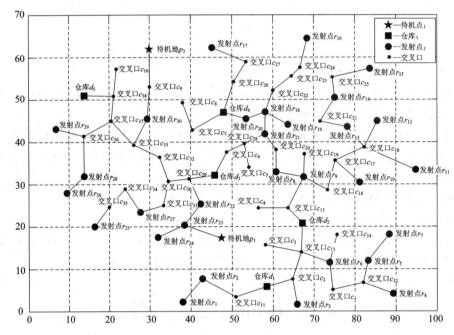

图 5-2 多波次导弹火力打击行动网络

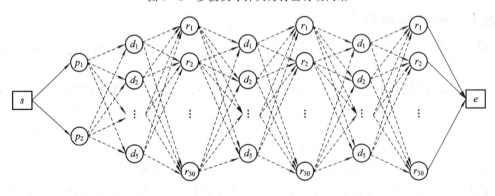

图 5-3 3 波次导弹火力打击行动问题的多阶段网络模型

第 1 阶段的状态集合为 $X_1 = \{s\}$，用于一个虚拟的状态，用于产生计算的起点；

第 2 阶段的状态集合为 $X_2 = M_2\{P\}$，其中，$M_2 : P \mapsto X_2$，$P = \{p_1, p_2\}$ 是一个隐蔽待机点到第 2 阶段状态的一一映射；

第 3 阶段的状态集合为 $X_3 = M_3\{D\}$，其中，$M_3 : D \mapsto X_3$，$D = \{d_1, d_2, d_3, d_4, d_5\}$ 是一个导弹仓库点到第 3 阶段状态的一一映射；

第 4 阶段的状态集合为 $X_4 = M_4\{R\}$，其中，$M_4 : R \mapsto X_4$，$R = \{r_1, r_2, \cdots, r_{30}\}$ 是一个

发射点到第 4 阶段状态的一一映射；

第 $2i+1(3\geqslant i\geqslant 2)$ 阶段的状态集合为 $X_{2i+1}=M_{2i+1}\{D\}$，其中，$M_{2i+1}:D\mapsto X_{2i+1}$，$D=\{d_1,d_2,d_3,d_4,d_5\}$ 是一个发射点到第 $2i+1$ 阶段状态的一一映射；

第 $2i+2(3\geqslant i\geqslant 2)$ 阶段的状态集合为 $X_{2i+2}=M_{2i+2}\{R\}$，其中，$M_{2i+2}:R\mapsto X_{2i+2}$，$R=\{r_1,r_2,\cdots,r_{30}\}$ 是一个发射点到第 $2i+2$ 阶段状态的一一映射；

第 9 阶段，也就是最后一个阶段的状态集合为 $X_9=\{e\}$。

图 5-3 中，虚线所示的有向边的权重为状态转移所对应的物理上两个地点的最短路的距离。火力单元的任意可行行动路径一定对应图 5-3 所示模型中的一条从 s 到 e 的路，但是，一条从 s 到 e 的路未必是火力单元可行的行动路径，因为要满足发射点不重复的约束。例如，存在这种情况：从 s 到 e 的最短路如图 5-4 中加粗实线箭头所示，但是，根据发射点不重复的约束，这不是火力单元的一条可行路径。

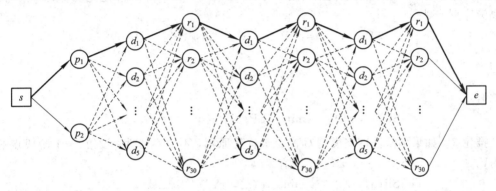

图 5-4 模型的可行路径未必是火力单元的可行路径

因为要满足发射点不重复的约束，这个模型不满足最优性原则，也就是对以后阶段所做出的未来决策将会产生一个最优策略，它与前面各阶段所采用的策略不是无关的。这个模型也不满足最优子结构定理。对于某个火力单元的最优路径，其子路径不一定是最优的。例如，存在这种情况：某火力单元的最优路径如图 5-5 中加粗实线箭头所示，则从第 5 阶

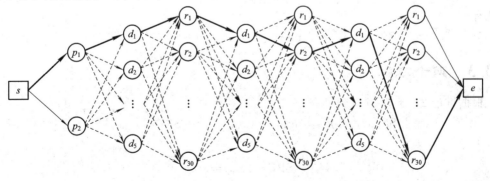

图 5-5 3 波次导弹火力打击行动模型不满足最优子结构定理

段的 d_1 到 e 的子路径不一定是最优的。

5.3.2 两个推论

对于多阶段网络模型 G 上的两个点 $x_i \in V_i$ 和 $x_j \in V_j$，记两者之间的最优决策序列总成本为 $\mathrm{SP}(x_i, x_j)$。

推论 1 如果多阶段网络模型 G 满足最优性原则，不失一般性，设第 $j-1$ 阶段点的集合为 $V_{j-1} = \{x_{j-1}^1, x_{j-1}^2, \cdots, x_{j-1}^m\}$，则有

$$\mathrm{SP}(x_i, x_j) = \min_{k=1, \cdots, m} \{\mathrm{SP}(x_i, x_{j-1}^k) + c(x_{j-1}^k, x_j)\}$$

证明：在多阶段网络模型 G 中，假设从 x_i 到 x_j 的最优决策序列为 $(x_i, x_{i+1}^{k_1}, \cdots, x_{j-1}^{k_{j-i-1}}, x_j)$。因为多阶段网络模型 G 满足最优性原则，所以根据最优子结构定理，从 x_i 到 x_j 的最优决策序列的子序列一定也是最优的，也即有 $(x_i, x_{i+1}^{k_1}, \cdots, x_{j-1}^{k_{j-i-1}})$ 一定是从 x_i 到 $x_{j-1}^{k_{j-i-1}}$ 的最优决策序列，则

$$\mathrm{SP}(x_i, x_j) = \mathrm{SP}(x_i, x_{j-1}^{k_{j-i-1}}) + c(x_{j-1}^{k_{j-i-1}}, x_j)$$

而

$$x_{j-1}^{k_{j-i-1}} \in V_{j-1}$$

因此有

$$\mathrm{SP}(x_i, x_j) = \min_{k=1, \cdots, m} \{\mathrm{SP}(x_i, x_{j-1}^k) + c(x_{j-1}^k, x_j)\}$$

推论 2 如果多阶段网络模型 G 满足最优性原则，不失一般性，设第 $i+1$ 阶段点的集合为 $V_{i+1} = \{x_{i+1}^1, x_{i+1}^2, \cdots, x_{i+1}^m\}$，则有

$$\mathrm{SP}(x_i, x_j) = \min_{k=1, \cdots, m} \{c(x_i, x_{i+1}^k) + \mathrm{SP}(x_{i+1}^k, x_j)\}$$

证明：在多阶段网络模型 G 中，假设从 x_i 到 x_j 的最优决策序列为 $(x_i, x_{i+1}^{k_1}, \cdots, x_{j-1}^{k_{j-i-1}}, x_j)$。因为多阶段网络模型 G 满足最优性原则，所以根据最优子结构定理，从 x_i 到 x_j 的最优决策序列的子序列一定也是最优的，也即有 $(x_{i+1}^{k_1}, \cdots, x_{j-1}^{k_{j-i-1}}, x_j)$ 一定是从 $x_{i+1}^{k_1}$ 到 x_j 的最优决策序列，则

$$\mathrm{SP}(x_i, x_j) = \mathrm{SP}(x_{i+1}^{k_1}, x_j) + c(x_i, x_{i+1}^{k_1})$$

而

$$x_{i+1}^{k_1} \in V_{i+1}$$

因此有

$$\mathrm{SP}(x_i, x_j) = \min_{k=1, \cdots, m} \{c(x_i, x_{i+1}^k) + \mathrm{SP}(x_{i+1}^k, x_j)\}$$

5.3.3 两个方程

根据推论 2，令 $j=n$ 得到

$$\mathrm{SP}(x_i, x_n) = \min_{k=1, \cdots, m} \{c(x_i, x_{i+1}^k) + \mathrm{SP}(x_{i+1}^k, x_n)\}$$

令

$$\mathrm{SP}(x_n, x_n) = 0$$

联合以上两式即可得到 Bellman 逆序方程：

$$\begin{cases} \mathrm{SP}(x_n, x_n) = 0 \\ \mathrm{SP}(x_i, x_n) = \min\limits_{k=1, \cdots, m} \{c(x_i, x_{i+1}^k) + \mathrm{SP}(x_{i+1}^k, x_n)\} \end{cases}$$

根据推论 1，令 $i=1$ 得到

$$SP(x_1, x_j) = \min_{k=1, \cdots, m} \{SP(x_1, x_{j-1}^k) + c(x_{j-1}^k, x_j)\}$$

令

$$SP(x_1, x_1) = 0$$

联合以上两式即可得到 Bellman 顺序方程：

$$\begin{cases} SP(x_1, x_1) = 0 \\ SP(x_1, x_j) = \min_{k=1, \cdots, m} \{SP(x_1, x_{j-1}^k) + c(x_{j-1}^k, x_j)\} \end{cases}$$

5.3.4 多阶段最短路问题的求解

例 5 - 4 利用 Bellman 逆序方程求解多阶段最短路问题（见图 5 - 1）的具体步骤如下：

步骤 1：从起始条件开始，逐阶段地向前求解从当前节点到终点的最短路。

$$SP(E, E) = 0$$
$$SP(C_1, E) = 5$$
$$SP(C_2, E) = 8$$

步骤 2：向前推进一个阶段。

$$SP(B_1, E) = \min \begin{Bmatrix} c(B_1, C_1) + SP(C_1, E) \\ c(B_1, C_2) + SP(C_2, E) \end{Bmatrix} = \min \begin{Bmatrix} 6+5 = 11 \\ 5+8 = 13 \end{Bmatrix} = 11$$

$$SP(B_2, E) = \min \begin{Bmatrix} c(B_2, C_1) + SP(C_1, E) \\ c(B_2, C_2) + SP(C_2, E) \end{Bmatrix} = \min \begin{Bmatrix} 9+5 = 14 \\ 8+8 = 16 \end{Bmatrix} = 14$$

步骤 3：向前推进一个阶段。

$$SP(A_1, E) = \min \begin{Bmatrix} c(A_1, B_1) + SP(B_1, E) \\ c(A_1, B_2) + SP(B_2, E) \end{Bmatrix} = \min \begin{Bmatrix} 6+11 = 17 \\ 5+14 = 19 \end{Bmatrix} = 17$$

$$SP(A_2, E) = \min \begin{Bmatrix} c(A_2, B_1) + SP(B_1, E) \\ c(A_2, B_2) + SP(B_2, E) \end{Bmatrix} = \min \begin{Bmatrix} 8+11 = 19 \\ 6+14 = 20 \end{Bmatrix} = 19$$

$$SP(A_3, E) = \min \begin{Bmatrix} c(A_3, B_1) + SP(B_1, E) \\ c(A_3, B_2) + SP(B_2, E) \end{Bmatrix} = \min \begin{Bmatrix} 7+11 = 18 \\ 4+14 = 18 \end{Bmatrix} = 18$$

步骤 4：向前推进一个阶段。

$$SP(S, E) = \min \begin{Bmatrix} c(S, A_1) + SP(A_1, E) \\ c(S, A_2) + SP(A_2, E) \\ c(S, A_3) + SP(A_3, E) \end{Bmatrix} = \min \begin{Bmatrix} 4+17 = 21 \\ 3+19 = 22 \\ 3+18 = 21 \end{Bmatrix} = 21$$

因此，从 S 到 E 的最短路长度为 21。最短路的序列可以从求解的过程数据倒推得到。
例 5 - 1 中，最短路的序列包括以下几个：

$$S, A_1, B_1, C_1, E$$
$$S, A_3, B_1, C_1, E$$
$$S, A_3, B_2, C_1, E$$

利用 Bellman 顺序方程求解多阶段最短路问题（见图 5 - 1）的具体步骤如下：

步骤 1：从起始条件开始，逐阶段地向后求解从起点到当前节点的最短路。

$$SP(S, A_1) = 4$$

$$\mathrm{SP}(S, A_2) = 3$$
$$\mathrm{SP}(S, A_3) = 3$$

步骤2：向后推进一个阶段。

$$\mathrm{SP}(S, B_1) = \min \begin{Bmatrix} \mathrm{SP}(S, A_1) + c(A_1, B_1) \\ \mathrm{SP}(S, A_2) + c(A_2, B_1) \\ \mathrm{SP}(S, A_3) + c(A_3, B_1) \end{Bmatrix} = \min \begin{Bmatrix} 4+6 \\ 3+8 \\ 3+7 \end{Bmatrix} = 10$$

$$\mathrm{SP}(S, B_2) = \min \begin{Bmatrix} \mathrm{SP}(S, A_1) + c(A_1, B_2) \\ \mathrm{SP}(S, A_2) + c(A_2, B_2) \\ \mathrm{SP}(S, A_3) + c(A_3, B_2) \end{Bmatrix} = \min \begin{Bmatrix} 4+5 \\ 3+6 \\ 3+4 \end{Bmatrix} = 7$$

步骤3：向后推进一个阶段。

$$\mathrm{SP}(S, C_1) = \min \begin{Bmatrix} \mathrm{SP}(S, B_1) + c(B_1, C_1) \\ \mathrm{SP}(S, B_2) + c(B_2, C_1) \end{Bmatrix} = \min \begin{Bmatrix} 10+6 \\ 7+9 \end{Bmatrix} = 16$$

$$\mathrm{SP}(S, C_2) = \min \begin{Bmatrix} \mathrm{SP}(S, B_1) + c(B_1, C_2) \\ \mathrm{SP}(S, B_2) + c(B_2, C_2) \end{Bmatrix} = \min \begin{Bmatrix} 10+5 \\ 7+8 \end{Bmatrix} = 15$$

步骤4：向后推进一个阶段。

$$\mathrm{SP}(S, E) = \min \begin{Bmatrix} \mathrm{SP}(S, C_1) + c(C_1, E) \\ \mathrm{SP}(S, C_2) + c(C_2, E) \end{Bmatrix} = \min \begin{Bmatrix} 16+5 \\ 15+8 \end{Bmatrix} = 21$$

因此，从 S 到 E 的最短路长度为21，最短路的序列可以从求解的过程数据倒推得到。

5.4 典型案例

5.4.1 背包问题

1. 问题描述

背包问题可以描述为：给定 n 种物品，每种物品都有自己的质量 w_i 和价值 r_i。背包的最大承重为 W，请选择装入背包物品的种类和数量，使装入背包的物品总价值最高。

如果令装入第 $i(i=1, 2, \cdots, n)$ 种物品的数量为 x_i，则可以建立如下背包问题的整数规划模型：

$$\max z = \sum_{i=1}^{n} r_i x_i$$

$$\sum_{i=1}^{n} w_i x_i \leqslant W$$

$$x_i \geqslant 0, \text{且为整数}, i = 1, \cdots, n$$

下面利用一个简单的背包问题，建立背包问题的动态模型。

例5-5 有三种物品 A、B、C，单位物品的价值分别为15、33、50，单位物品的质量分别为1、2、3，背包的最大载重为4，请建立动态规划模型并利用动态规划的基本方程求解。

2. 建立动态规划模型

建立动态规划模型的具体步骤如下:

步骤 1:输入背包问题的参数,确定阶段的数量。将问题分成 $n+2$ 个阶段,增加一个虚拟的起始状态和一个虚拟的结束状态,中间每个阶段考虑一种类型的物品。因为要最大化背包中物品的价值,所以将单位物品的价值加上一个负号。

w= [1 2 3];
r = -1 * [15 33 50];
W =4;
NStage =length(w)+2;

步骤 2:建立每个阶段状态的集合,第 1 阶段的状态设定为一个虚拟的起点,最后一个阶段也就是第 NStage 阶段的状态设定为一个虚拟的终点。状态为当前背包中物品的质量。状态之间是否可以转移或者说点之间是否有边相连,取决于两个状态之间的转移是否对应一种可行的装包方案,也就是包里物品总质量的增加是否是当前物品的整数倍。相邻两个阶段点 $x_i(k)$ 和 $x_{i-1}(h)$ 的状态转移采用如下规则确定:

若 $\mathrm{mod}((x_i(k)-x_{i-1}(h)), w_i)=0$,且 $x_i(k)\geqslant x_{i-1}(h)$,则两者之间有边相连,边的权重为

$$w_i \times \mathrm{floor}((x_i(k)-x_{i-1}(h)), w_i)$$

否则,两个点之间没有边相连。其中,mod()为取模函数,floor()为向下取整函数。

K=1;
StageNodesWeight = cell(1, NStage);
StageNodesID = cell(1, NStage);

StageNodesWeight{1} = 0;
StageNodesID{1} = K;

for k=2: (NStage-1)
for i=0: floor(W/w(k-1))
    for j=1: length(StageNodesWeight{k-1})
        if StageNodesWeight{k-1}(j) + w(k-1)*i <W
        K=K+1;
        StageNodesWeight{k} = [StageNodesWeight{k}, StageNodesWeight{k-1}(j) + w(k-1)*i];
        StageNodesID{k} = [StageNodesID{k}, K];
        if i==0
            A(StageNodesID{k-1}(j), K) =0.00001;
        else
            A(StageNodesID{k-1}(j), K) = i * r(k-1);
        end
        end
    end
end

115

```
end
StageNodesWeight{NStage} = -1;
StageNodesID{NStage} = K+1;
A(StageNodesID{NStage-1}, K) =0.00001;
A(length(A), length(A)) = 0;
G= digraph(A)
G. Edges. Weight(find(G. Edges. Weight>=-0.00001))=0;
```

建立的背包问题模型如图 5-6 所示。

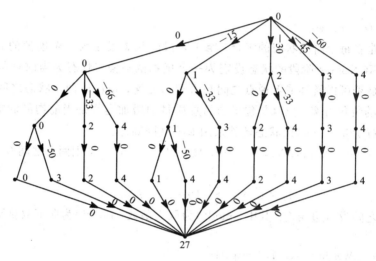

图 5-6　背包问题的动态规划模型

3. 求解

利用动态规划的顺序方程进行求解。

```
SP = zeros(1, numnodes(G));
Father = SP;
%利用顺序方程求解
for i=2:NStage
    for j=1:length(StageNodesID{i})
        idx = StageNodesID{i-1};
        idx(find(A(idx, StageNodesID{i}(j))==0))=[];
        [val, I]= min(SP(idx)'+A(idx, StageNodesID{i}(j)));
        SP(StageNodesID{i}(j)) = val;
        Father(StageNodesID{i}(j)) = idx(I);
    end
end
k=K;
Path = 23;
for i=1:(NStage-1)
    k = Father(k)
    Path = [k, Path];
end
```

highlight(h,[Path(1：NStage−1)],[Path(2：(NStage))],′EdgeColor′,′r′,′LineWidth′，4，′ArrowSize′，11);

程序运行结果如图 5−7 所示,其中最优的决策序列使用加粗的路径标识。

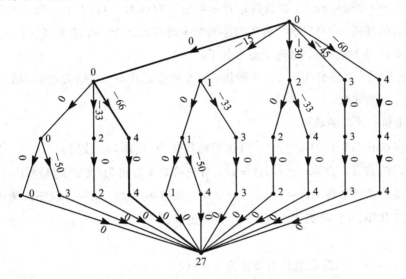

图 5−7 背包问题的动态规划顺序方程求解

5.4.2 设备更新问题

1. 问题描述

设备更新问题可以使用动态规划的模型求解。设备更新问题是指机器或者设备(如汽车)会随着使用年数的增加而老化,从而导致运行成本 c 的增加,折旧现值 s 的减少,收入 r 的减少,但是购买新机器又要花费一大笔费用,因此需要我们决定什么时候替换现有的机器,什么时候再替换,等等,以便在未来的 N 年内将总成本降到最低。

下面通过一个简单的设备更新问题的例子,建立基本设备更新问题的通用模型和算法。

例 5−6 某部门要对一台已经使用了 2 年的设备确定今后 5 年的最优更新策略。已知设备的最大使用年限为 6 年,购买一台新机器的费用是 1000 万元。该问题的基本数据见表 5−4。

表 5−4 设备更新问题的基本数据

已使用年数	收入/万元	运行成本/万元	折旧现值/万元
0	251	10	1000
1	213	11	890
2	192	13	660
3	172	15	550
4	165	18	350
5	155	22	190
6	136	27	30

2. 建立动态规划模型

假设我们必须在 N 个时间段内（如年份）都拥有这样一台机器，令 y 表示机器当前的年龄，$c(i)$ 表示一台年初年龄为 i 的机器运行一年的运行成本，$s(i)$ 表示一台年初年龄为 i 的机器折旧之后的现值，$r(i)$ 表示一台年初年龄为 i 的机器运行一年能带来的收入，Newr 表示一台新机器（0 岁）的价格，则建立模型如下：

（1）确定阶段。将图分为 $N+2$ 个阶段，每个阶段的状态点代表设备使用的年数，也就是设备年初达到的年数。

（2）确定每个阶段的状态。

第 1 阶段的状态集合为 $v_1=\{y\}$，可选策略集合为｛更新，继续用｝。

第 2 阶段的状态集合为 $v_2=\{1,y+1\}$，可选策略集合仍为｛更新，继续用｝。

第 3 阶段的状态集合为 $v_3=\{1,2,y+2\}=\{1\}\bigcup\{v_2+1\}$，第一个状态因为上一年的更新所致，第二和第三个状态因为上一年没有更新所致，记 $\{v_2+1\}=\{1,y+1\}+1=\{2,y+2\}$。

第 $i(2,\cdots,N+1)$ 阶段的状态集合为 $v_i=\{1,v_{i-1}+1\}$。

第 $N+2$ 阶段包含一个状态，$v_{N+2}=\{x\}$，是一个虚拟状态，不代表设备的实际年龄。

（3）确定相邻阶段状态之间的转移是否存在以及收益是多少。

若前一个阶段状态点对应的年龄为 Age，后一个阶段状态点对应的年龄为 Age$+1$，则根据设备不更新计算状态转移的收益公式如下：

$$c = 收入 - 成本 = r(\text{Age}) - c(\text{Age})$$

若后一个阶段状态点对应的年龄为 1，前一个阶段状态点对应的年龄为 Age，则根据设备更新计算状态转移的收益公式如下：

$$c = 收入 - 成本 + 折旧现值 - 新设备价格 = r(0) - c(0) + s(\text{Age}) - \text{Newr}$$

若后一个阶段是最后阶段的点，则利用如下公式计算状态转移收益：

$$c = 折旧现值 = s(\text{Age})$$

也就是计算了设备的折旧现值。

这样从起始点到终点的一条路就代表一个更新策略，路的总长度就是采用这样的一个策略 N 年之后总收益。

3. 求解

求解的具体步骤如下：

步骤 1：输入问题的基本参数。

    r＝[2.51 2.13 1.92 1.72 1.65 1.55 1.36] * 100；

    c＝[0.1 0.11 0.13 0.15 0.18 0.22 0.27] * 100；

    s＝[10 8.9 6.5 5.5 3.5 1.9 0.3] * 100；

    MaxAge ＝ 6；Newr＝1000；NStage ＝ 7；StageNodesID{1}＝1；

    StageNodesAge{1} ＝ 2；

NodesID ＝ 1；NodesAge ＝ 2；

步骤 2：建立每个阶段状态的集合，第 1 阶段的状态设定为一个虚拟的起点，最后一阶段也就是第 NStage 阶段的状态设定为一个虚拟的终点。中间的阶段状态设定为各种可能的设备年龄。

StageNodesID{1}＝1；

StageNodesAge{1} ＝ 2；

NodesID ＝ 1；NodesAge ＝ 2；

for i＝2：NStage－1

    I ＝ StageNodesAge{i－1}(find((StageNodesAge{i－1}+1)<＝MaxAge))+1；

    StageNodesAge{i} ＝ [1，I]；

    NodesAge ＝ [NodesAge，StageNodesAge{i}]；

    StageNodesID{i} ＝ [(length(NodesID))+(1：length(StageNodesAge{i}))]；

    NodesID ＝ [NodesID，StageNodesID{i}]；

end

i＝NStage；   StageNodesAge{i} ＝ －1；   NodesAge ＝ [NodesAge，StageNodesAge{i}]；

StageNodesID{i} ＝ [length(NodesID)+1]；NodesID ＝ [NodesID，StageNodesID{i}]；

步骤 3：建立邻接矩阵，也就是检验每个前一阶段的点与后一阶段的点之间可能存在的状态转移，并计算状态转移的权重，将其存入状态转移矩阵 **A**。

A＝sparse(length(NodesID)，length(NodesID))；

for i＝1：NStage－1

    for i1＝1：length(StageNodesAge{i})

        for i2＝1：length(StageNodesAge{i+1})

            Age2 ＝StageNodesAge{i+1}(i2)；

            Age1 ＝StageNodesAge{i}(i1)；

            if i＝＝NStage－1

                A(StageNodesID{i}(i1)，StageNodesID{i+1}(i2)) ＝ s(Age1+1)；

            else

                if Age2＝＝Age1+1

                A(StageNodesID{i}(i1)，StageNodesID{i+1}(i2)) ＝ r(Age1)－c(Age1)；

                end

                if Age2＝＝1

A(StageNodesID{i}(i1)，StageNodesID{i+1}(i2)) ＝ r(Age1)－c(Age1)+s(Age1)－Newr；

                end

            end

        end

    end

end

A＝－A；

G＝digraph(A)；

得到的动态规划模型如图 5-8 所示。

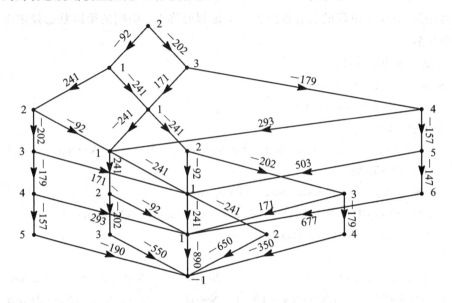

图 5-8　设备更新问题的动态规划模型

步骤 4 ：利用动态规划的递归方程进行求解。

SP ＝ zeros(1，numnodes(G))；

Father ＝ SP；

％利用顺序方程求解

for i＝2：NStage

    for j＝1：length(StageNodesID{i})

        idx ＝ StageNodesID{i－1}；

        idx(find(A(idx，StageNodesID{i}(j))＝＝0))＝[]；

        [val，I]＝ min(SP(idx)'＋A(idx，StageNodesID{i}(j)))；

        SP(StageNodesID{i}(j)) ＝ val；

        Father(StageNodesID{i}(j)) ＝ idx(I)；

    end

end

k＝length(NodesID)；

Path ＝ k；

for i＝1：(NStage－1)

    k＝ Father(k)

    Path ＝ [k，Path]；

    end

程序运行结果如图 5-9 所示，其中最优的决策序列使用加粗的路径标识。

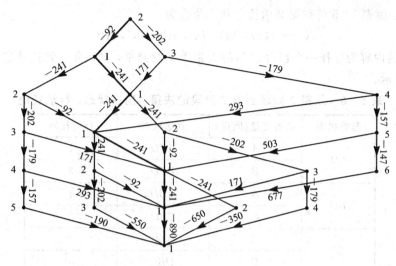

图 5 - 9　设备更新问题的动态规划最优解

5.4.3 过河问题

1. 问题描述

小明一家四口人要过河。单独过河爸爸要 1 分钟，妈妈要 2 分钟，小明要 5 分钟，弟弟要 10 分钟。最多两个人同时过河，并且只有一个手电筒，每次都需要手电筒。两人过河按慢的时间算。请设计过河方案，使一家人过河总时间最少。

2. 问题分析

为了描述方便，将爸爸、妈妈、小明、弟弟分别记为 A、B、C、D。假设过河时的顺序为从左到右，回程时的顺序为从右到左，过河的时候两个人，回程的时候一个人。

将系统的状态记为没有过河的人的组合，因此，起始状态记为 $ABCD$，代表四个人都没有过河；最终的状态为 $\varnothing$，代表一家人都已过河。

3. 建立模型

步骤 1：第 1 阶段的状态集合为 $X_1 = \{ABCD\}$，决策集合为 $\{AB, AC, AD, BC, BD, CD\}$，代表选择两个尚未过河的人一起过河，从起始状态到第 2 阶段的决策、到达状态、行动耗时如表 5 - 5 所示。

表 5 - 5　从起始状态到第 2 阶段的决策、到达状态、行动耗时

起始状态	决策变量（过河）	到达状态	行动耗时
$ABCD$	AB	CD	2
	AC	BD	5
	AD	BC	10
	BC	AD	5
	BD	AC	10
	CD	AB	10

步骤 2：由表 5−5 可得第 2 阶段的状态集合为

$$X_2 = \{CD，BD，BC，AD，AC，AB\}$$

下一步决策的内容为选择一个已经过河的人带手电筒回来，其决策、到达状态、行动耗时如表 5−6 所示。

表 5−6　从第 2 阶段到第 3 阶段的决策、到达状态、行动耗时

起始状态	决策变量（回程）	到达状态	行动耗时
CD	A	ACD	1
	B	BCD	2
BD	A	ABD	1
	C	CBD	5
BC	A	ABC	1
	D	DBC	10
AD	B	BAD	2
	C	CAD	5
AC	B	BAC	2
	D	DAC	10
AB	C	CAB	5
	D	DAB	10

步骤 3：由表 5−6 可得第 3 阶段的状态集合为

$$X_3 = \{ABC，ABD，ACD，BCD\}$$

下一步决策的内容为选择两个尚未过河的人一起过河，其决策、到达状态、行动耗时如表 5−7 所示。

表 5−7　从第 3 阶段到第 4 阶段的决策、到达状态、行动耗时

起始状态	决策变量（过河）	到达状态	行动耗时
ABC	AB	C	2
	AC	B	5
	BC	A	1
ABD	AB	D	2
	BD	A	10
	AD	B	10
ACD	AC	D	5
	CD	A	10
	AD	C	10
BCD	BC	D	5
	BD	C	10
	CD	B	10

步骤 4：由表 5-7 可得第 4 阶段的状态集合为

$$X_4 = \{A, B, C, D\}$$

下一步决策的内容为选择一个已经过河的人带手电筒回来，其决策、到达状态、行动耗时如表 5-8 所示。

表 5-8　从第 4 阶段到第 5 阶段的决策、到达状态、行动耗时

起始状态	决策变量（回程）	到达状态	行动耗时
A	B	AB	2
	C	AC	5
	D	AD	10
B	A	BA	1
	C	BC	5
	D	BD	10
C	A	CA	1
	B	CB	2
	D	CD	10
D	A	DA	1
	B	DB	2
	C	DC	5

步骤 5：由表 5-8 可得第 5 阶段的状态集合为

$$X_5 = \{CD, BD, BC, AD, AC, AB\}$$

下一步决策的内容为选择两个尚未过河的人一起过河，其决策、到达状态、行动耗时如表 5-9 所示。

表 5-9　从第 5 阶段到第 6 阶段的决策、到达状态、行动耗时

起始状态	决策变量（过河）	到达状态	行动耗时
CD	CD	$\varnothing$	10
BD	BD	$\varnothing$	10
BC	BC	$\varnothing$	5
AD	AD	$\varnothing$	10
AC	AC	$\varnothing$	5
AB	AB	$\varnothing$	2

至此已经到达最终状态。

4. 求解

上述动态规划模型中的阶段、状态、状态转移、行动耗时等均可使用动态规划的图模型来表示，如图 5-10 所示。

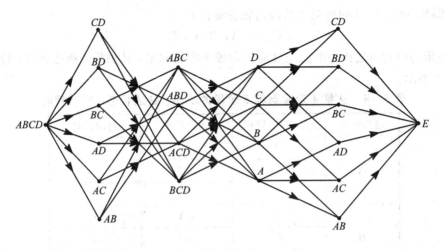

图 5-10　过河问题的动态规划模型

可以使用动态规划方程进行求解。

```
SP = zeros(1, numnodes(G));
Father = SP;
%利用顺序方程求解
for i=2:NStage
    for j=1:length(StageNodesID{i})
        i dx = StageNodesID{i-1};
        i dx(find(A(idx, StageNodesID{i}(j))==0))=[];
        [val, I]= min(SP(idx)'+A(idx, StageNodesID{i}(j)));
        SP(StageNodesID{i}(j)) = val;
        Father(StageNodesID{i}(j)) = idx(I);
    end
end
k=length(NodesID);
Path = k;
PathLabel = [];
for i=1:(NStage-1)
    k  = Father(k);
    Path = [k, Path];
end
```

程序运行结果如图 5-11 所示，代表的方案为：AB 过河，A 回程，CD 过河，B 回程，AB 过河，共计用时 17 分钟。

5. 讨论

值得注意的是，本题如果使用贪婪规则，也就是每次都派过河最快的 A 出动，则总的过河时间是 19 分钟，不是最优的，这与经常在实际中出现的能者多劳的思想并不一致。经过优化后，工作效率提升超过 5%。

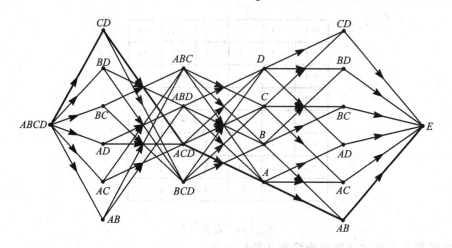

图 5-11 过河问题的动态规划解

5.4.4 炮兵阵地问题

1. 问题描述

司令部的将军们打算在 $M \times N$ 的网格地图上部署他们的炮兵部队。一个 $M \times N$ 的网络地图由 M 行 N 列组成，其中的每一格可能是山地（用"-1"表示），也可能是平原（用"0"表示），如图 5-12 所示。在每一格平原地形上最多可以部署一支炮兵部队（山地上不能部署炮兵部队）；如果在图中的灰色格上部署一支炮兵部队，则图中的黑色网格表示它能够攻击到的区域：沿横向左右各两格，沿纵向上下各两格。图上的白色网格均表示攻击不到的区域。由图 5-12 可见炮兵的攻击范围不受地形的影响。

-1	-1	-1	-1	-1	-1
-1	-1	-1	-1	-1	-1
-1	-1	-1	-1	-1	-1
-1	-1	-1	-1	-1	0
-1	0	0	0	-1	-1
-1	-1	-1	-1	-1	-1
-1	-1	-1	-1	-1	-1
-1	-1	0	-1	-1	-1

图 5-12 炮兵部署及其攻击范围（部署于灰色格处，攻击范围为黑色格）

现在，将军们规划如何部署炮兵部队，在防止误伤的前提下（保证任何两支炮兵部队之间不能互相攻击，即任何一支炮兵部队都不在其他支炮兵部队的攻击范围内），在整个地图区域内最多能够摆放多少我军的炮兵部队。

2. 问题分析

如果将一种部署方案作为一个状态，那么起始状态如图 5-13 所示。

从起始状态开始，每部署一支炮兵部队作为一个阶段，可以建立问题的动态规划模型，

-1	-1	-1	-1	-1	-1
-1	-1	-1	-1	-1	-1
-1	-1	-1	-1	-1	-1
-1	-1	-1	-1	-1	0
-1	0	0	0	-1	-1
-1	-1	-1	-1	-1	-1
-1	-1	-1	-1	-1	-1
-1	-1	0	-1	-1	-1

图 5-13　起始状态

模型的阶段数量与最多部署的炮兵部队数量有关。

第 2 阶段的状态为在平原上部署一支炮兵部队，其态势图如图 5-14 所示。

-1	-1	-1	-1	-1	-1
-1	-1	-1	-1	-1	-1
-1	-1	-1	-1	-1	-1
-1	-1	-1	-1	-1	0
-1	0	0	0	-1	-1
-1	-1	-1	-1	-1	-1
-1	-1	-1	-1	-1	-1
-1	-1	0	-1	-1	-1

图 5-14　在平原上部署一支炮兵部队后的态势图

为了计算方便，我们将黑色区域标记为 2，代表已经处于炮兵的攻击范围，不再考虑部署，将已经部署炮兵的格子标记为 1，代表已经部署炮兵部队，也不再考虑部署，因此，这个状态可以表示为如图 5-15 所示的形式。

-1	-1	-1	-1	-1	-1
-1	-1	-1	-1	-1	-1
-1	-1	2	-1	-1	-1
-1	-1	2	-1	-1	0
2	2	1	2	2	-1
-1	-1	2	-1	-1	-1
-1	-1	2	-1	-1	-1
-1	-1	0	-1	-1	-1

图 5-15　第 2 阶段的状态

3. 建立模型

步骤1：第 1 阶段使用矩阵 Map 存储状态，从起始状态开始，针对所有的平原方格，判断其可部署性，如果可以部署，则计算部署后的状态矩阵，并将其作为第 2 阶段的一个状态。

```
[Hang, Lie] = find(Map==0);
%第 2 阶段部署一个大炮
[Hang, Lie] = find(Map==0);
StageNodesID{2}=[];
for k=1: length(Hang)
    Map = StageState{1};
    Map(Hang(k), Lie(k)) = 1;
    if (Hang(k)−2)>0
        if Map(Hang(k)−2, Lie(k))~=1
        Map(Hang(k)−2, Lie(k)) = 2;
        else
            continue;
        end
    end
    if (Hang(k)−1)>0
        if Map(Hang(k)−1, Lie(k)) ~=1
        Map(Hang(k)−1, Lie(k)) = 2;
        else
            continue;
        end
    end
    if (Hang(k)+2)<=M
        if Map(Hang(k)+2, Lie(k)) ~=1
        Map(Hang(k)+2, Lie(k)) = 2;
        else
            continue;
        end
    end
    if (Hang(k)+1)<=M
        if  Map(Hang(k)+1, Lie(k)) ~=1
        Map(Hang(k)+1, Lie(k)) = 2;
        else
            continue;
        end
    end
    if (Lie(k)−2)>0
        if Map(Hang(k), Lie(k)−2) ~=1
        Map(Hang(k), Lie(k)−2) = 2;
```

```
            else
                continue
            end
        end
        if (Lie(k)−1)>0
            if Map(Hang(k),Lie(k)−1) ~=1
            Map(Hang(k),Lie(k)−1) = 2;
            else
                continue;
            end
        end
        if (Lie(k)+2)<=N
            if Map(Hang(k),Lie(k)+2) ~=1
            Map(Hang(k),Lie(k)+2) = 2;
            else
                continue;
            end
        end
        if (Lie(k)+1)<=N
            if Map(Hang(k),Lie(k)+1) ~=1
            Map(Hang(k),Lie(k)+1) = 2;
            else
                continue;
            end
        end
        NodesID = [NodesID, length(NodesID)+1];
        StageNodesID{2}=[StageNodesID{2}, length(NodesID)];
        StageState{2}{length(StageNodesID{2}))} = Map;
        A(StageNodesID{1}, length(NodesID))=1;
        StagePosition{2}{length(NodesID)−1} = [Hang(k),Lie(k)];
    end
```

步骤 2：针对第 $K_{max}(>2)$ 阶段，从 $K_{max}−1$ 阶段的状态开始，判断是否可以进一步部署一支炮兵部队，如果可以部署，则计算部署后的状态，将其归并到第 K_{max} 阶段的状态，并记录状态与状态之间的转移关系到邻接矩阵 **A**。如果第 $K−1$ 阶段的状态都无法进一步部署炮兵部队，则算法结束。其中，第 $3 \sim K_{max}$ 阶段的算法代码如下：

```
for K=3: Kmax
StageNodesID{K}=[];
for i=1: length(StageNodesID{K−1})
    Map = StageState{K−1}{i};
    [Hang, Lie] = find(Map==0);
    for k=1: length(Hang)
    Map = StageState{K−1}{i};
```

```
Map(Hang(k), Lie(k)) = 1;
if (Hang(k)-2)>0
    if Map(Hang(k)-2, Lie(k))~=1
    Map(Hang(k)-2, Lie(k)) = 2;
    else
        continue;
    end
end
if (Hang(k)-1)>0
    if Map(Hang(k)-1, Lie(k)) ~=1
    Map(Hang(k)-1, Lie(k)) = 2;
    else
        continue;
    end
end
if (Hang(k)+2)<=M
    if Map(Hang(k)+2, Lie(k)) ~=1
    Map(Hang(k)+2, Lie(k)) = 2;
    else
        continue;
    end
end
if (Hang(k)+1)<=M
    if  Map(Hang(k)+1, Lie(k)) ~=1
    Map(Hang(k)+1, Lie(k)) = 2;
    else
        continue;
    end
end
if (Lie(k)-2)>0
    if Map(Hang(k), Lie(k)-2) ~=1
    Map(Hang(k), Lie(k)-2) = 2;
    else
        continue
    end
end
if (Lie(k)-1)>0
    if Map(Hang(k), Lie(k)-1) ~=1
    Map(Hang(k), Lie(k)-1) = 2;
    else
        continue;
    end
end
```

```
if (Lie(k)+2)<=N
    if Map(Hang(k), Lie(k)+2) ~=1
    Map(Hang(k), Lie(k)+2) = 2;
    else
        continue;
    end
end
if (Lie(k)+1)<=N
    if Map(Hang(k), Lie(k)+1) ~=1
    Map(Hang(k), Lie(k)+1) = 2;
    else
        continue;
    end
end
Equal=0;
if ~isempty(StageNodesID{K})
    for i1=1: length(StageNodesID{K})
        [I, J]=find(Map==1);
        B=[I, J];
        if eq(StagePosition{K}{i1}, B)
            Equal=1;
            A(StageNodesID{K-1}(i), StageNodesID{K}(i1))=1;
            break;
        end
    end
    if Equal==0
        NodesID = [NodesID, length(NodesID)+1];
        StageNodesID{K}=[StageNodesID{K}, length(NodesID)];
        StageState{K}{length(StageNodesID{K})} = Map;
        A(StageNodesID{K-1}(i), length(NodesID))=1;
        [I, J]=find(Map==1);
        StagePosition{K}{length(StageNodesID{K})} = [I, J];
    end
else
    NodesID = [NodesID, length(NodesID)+1];
    StageNodesID{K}=[StageNodesID{K}, length(NodesID)];
    StageState{K}{length(StageNodesID{K})} = Map;
    A(StageNodesID{K-1}(i), length(NodesID))=1;
    [I, J]=find(Map==1);
    StagePosition{K}{length(StageNodesID{K})} = [I, J];
end
    end
    end
```

end

对于本例来讲，建立的动态规划模型如图 5-16 所示，可知最多可以部署三支炮兵部队，具体方案如图 5-17 所示。

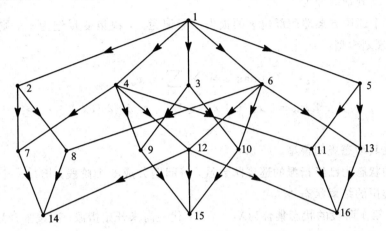

图 5-16 炮兵阵地问题的动态规划模型

−1	−1	−1	−1	−1	−1
−1	−1	−1	−1	−1	2
−1	2	2	−1	−1	2
−1	2	2	2	2	1
2	1	2	2	−1	2
−1	2	2	2	2	2
−1	2	2	2	2	−1
2	2	1	2	2	−1

−1	−1	−1	−1	−1	−1
−1	−1	−1	−1	−1	2
−1	−1	2	−1	−1	2
−1	2	2	2	2	1
2	2	1	2	2	2
−1	2	2	2	2	2
−1	2	2	2	2	−1
2	2	1	2	2	−1

−1	−1	−1	−1	−1	−1
−1	−1	−1	−1	−1	2
−1	2	2	−1	−1	2
−1	−1	−1	−1	2	1
−1	2	2	1	2	2
−1	2	2	2	2	2
−1	2	2	2	2	−1
2	2	1	2	2	−1

图 5-17 炮兵阵地部署问题的三个方案

5.4.5 巡逻队分配问题

1. 问题描述

某一警卫部门共有 12 支巡逻队，负责 4 个要害部位 A、B、C、D 的警卫巡逻。对每个部位可分别派出 2~4 支巡逻队，并且由于派出巡逻队数量的不同，各部位预期在一段时期内可能造成的损失有差别，具体数字如表 5-10 所示。问警卫部门应往各部位分别派多少支巡逻队，可使总的预期损失最小？

表 5-10 不同部位派遣不同数量巡逻队的可能损失

巡逻队数量	部位 A	部位 B	部位 C	部位 D
2	18	38	24	34
3	14	35	22	31
4	10	31	21	25

2. 建立模型

为了陈述方便,将巡逻队数量 2、3、4 对应的方案分别称为巡逻方案 1、2、3,四个部位 A、B、C、D 分别编号为 1、2、3、4。

使用第 i 个巡逻方案巡逻部位 j 的损失变量记为 c_{ij},决策变量记为 x_{ij},则可以建立如下 0 - 1 整数规划模型:

$$\max z = \sum_{i=1}^{3} \sum_{j=1}^{4} c_{ij} x_{ij}$$
$$2 x_{1j} + 3 x_{2j} + 4 x_{3j} \leqslant 12, \ j = 1, 2, 3, 4$$
$$x_{ij} \in \{0, 1\}$$

下面建立其动态规划模型。

令系统的状态为已经指派的巡逻队数量,将问题分成 6 个阶段,增加一个虚拟的起始状态和一个虚拟的结束状态。

步骤 1:第 1 阶段的状态集合为 $X_1 = \{0\}$,代表尚未开始指派;决策集合为 $\{2, 3, 4\}$,代表可以为 A 区域指派 2、3 或者 4 个巡逻队。从起始状态到第 2 阶段的决策、到达状态、转移费用如表 5 - 11 所示。

表 5 - 11　从起始状态到第 2 阶段的决策、到达状态、转移费用

起始状态	决策	到达状态	转移费用
	2	2	18
0	3	3	14
	4	4	10

步骤 2:第 2 阶段的状态集合为 $X_2 = \{2, 3, 4\}$,决策集合为 $\{2, 3, 4\}$,代表可以为 B 区域指派 2、3 或者 4 个巡逻队。从第 2 阶段到第 3 阶段的决策、到达状态、转移费用如表 5 - 12 所示。

表 5 - 12　从第 2 阶段到第 3 阶段的决策、到达状态、转移费用

起始状态	决策	到达状态	转移费用
	2	4	38
2	3	5	35
	4	6	31
	2	5	38
3	3	6	35
	4	7	31
	2	6	38
4	3	7	35
	4	8	31

步骤 3：第 3 阶段的状态集合为$X_3=\{4,5,6,7,8\}$，决策集合为$\{2,3,4\}$，代表可以为 C 区域指派 2、3 或者 4 个巡逻队。从第 3 阶段到第 4 阶段的决策、到达状态、转移费用如表 5-13 所示。

步骤 4：第 4 阶段的状态集合为$X_4=\{6,7,8,9,10,11,12\}$，决策集合为$\{2,3,4\}$，代表可以为 D 区域指派 2、3 或者 4 个巡逻队。从第 4 阶段到第 5 阶段的决策、到达状态、转移费用如表 5-14 所示，其中灰色区域的到达状态大于 12，不可行。

表 5-13　从第 3 阶段到第 4 阶段的决策、到达状态、转移费用

起始状态	决策	到达状态	转移费用
4	2	6	24
	3	7	22
	4	8	21
5	2	7	24
	3	8	22
	4	9	21
6	2	8	24
	3	9	22
	4	10	21
7	2	9	24
	3	10	22
	4	11	21
8	2	10	24
	3	11	22
	4	12	21

表 5-14　从第 4 阶段到第 5 阶段的决策、到达状态、转移费用

起始状态	决策	到达状态	转移费用
6	2	8	34
	3	9	31
	4	10	25
7	2	9	34
	3	10	31
	4	11	25
8	2	10	34
	3	11	31
	4	12	25
9	2	11	34
	3	12	31
	4	13	25
10	2	12	34
	3	13	31
	4	14	25
11	2	13	34
	3	14	31
	4	15	25
12	2	14	34
	3	15	31
	4	16	25

步骤 5：第 5 阶段的状态集合为$X_5=\{8,9,10,11,12\}$，决策集合为$\{0\}$，指派结束，状态转移到虚拟的结束状态，到结束状态转移费用为 0。

3. 求解

上述动态规划模型中的阶段、状态、状态转移、行动耗时等均可使用动态规划的图模型来表示，如图 5-18 所示。

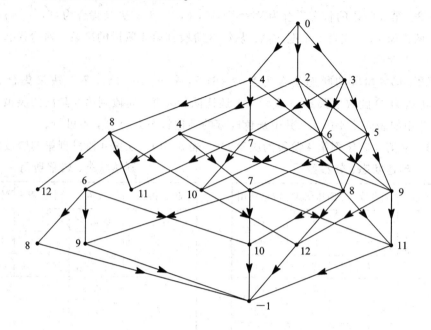

图 5-18　巡逻队分配问题的动态规划模型

可以使用动态规划方程进行求解。

```
NStage = 6
SP = zeros(1, numnodes(G));
Father = SP;
%利用顺序方程求解
for i=2：NStage
    for j=1：length(StageNodesID{i})
        i dx = StageNodesID{i-1};
        i dx(find(A(idx, StageNodesID{i}(j))==0))=[];
        [val, I]= min(SP(idx)'+A(idx, StageNodesID{i}(j)));
        SP(StageNodesID{i}(j)) = val;
        Father(StageNodesID{i}(j)) = idx(I);
    end
end
Path = 22;
k=22;
for i=1：(NStage-1)
    k   = Father(k)
    Path = [k, Path];
end
```

程序运行后，得到的最优方案为 $x_{31}=1$，$x_{12}=1$，$x_{13}=1$，$x_{34}=1$，也即四个区域指派的巡逻队数量分别为 4、2、2、4，可使损失最小，最小损失为 97，如图 5-19 所示。

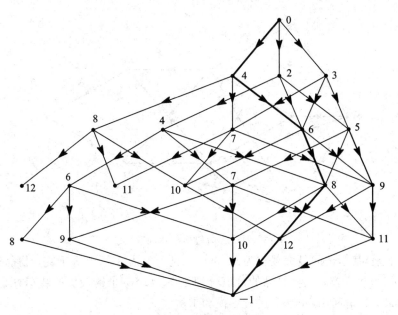

图 5-19　巡逻队分配问题的动态规划最优解

习　题　5

1.（基本题）什么叫动态规划？可否称之为多阶段规划？最优性原则与最优子结构之间有什么关系？最优子结构原理与动态规划基本方程之间有什么关系？

2.（基本题）对如图 5-20 所示的多阶段最短路问题采用手工计算和计算机程序设计两种方式，利用动态规划的递归方程求解从 N_1 到 N_9 的最短路。

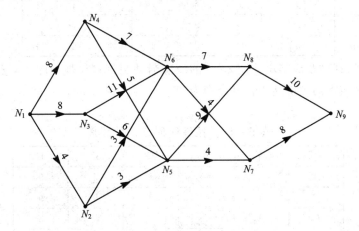

图 5-20　多阶段最短路问题（一）

3.（提高题）对如图 5-21 所示的多阶段最短路问题，求从 N_1 到 N_9 的最短路。此题能够建立动态规划模型吗？怎么建立？请采用手工计算和计算机程序设计两种方式，利用动态规划的递归方程进行求解。

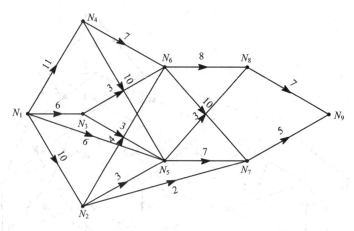

图 5-21 多阶段最短路问题(二)

4. (基本题)某车辆的最大载重为 10 000 千克, 物品 A 每个 8 千克, 物品 B 每个 2 千克, 物品 C 每个 4 千克, 三种物品的价值分别是 3、4、5, 求解最优的装车方案, 使装车物品的总价值最大。请利用 Matlab 进行建模和求解。

5. (提高题)某车辆的最大载重为 10 000 千克, 物品 A 每个 8 千克, 物品 B 每个 2 千克, 物品 C 每个 4 千克, 三种物品的价值分别是 3、4、5, 其中 A、B、C 最少 1 件, C 最多 2 件, 求解最优的装车方案, 使装车物品的总价值最大。请利用 Matlab 进行建模和求解。

6. (基本题)某海运公司有一艘载货量 12 000 吨的货船, 该船可装载三种货物, 每种货物的单位重量(吨)以及单位收益(万元)如表 5-15 所示。该货船应如何装载这些货物才能使总收益最大?

表 5-15 每种货物的单位重量及单位收益

货物 i	货物单位重量/吨	单位收益/万元
1	6	31
2	9	47
3	3	14

7. (提高题)现在要为某次为期 10 天的拉练活动制订路线规划图, 主要拉练活动区域有 5 个, 每个区域内的拉练路线长度分别为 30、35、40、45、50, 拉练区域之间的距离如表 5-16 所示。

表 5-16 拉练区域之间的距离

	A	B	C	D	E
A	0	9	5	5	9
B	9	0	7	6	9
C	5	7	0	5	3
D	5	6	5	0	1
E	9	9	3	1	0

拉练规则如下:

(1) 拉练从 A 出发, 第 10 天返回 A 地。

(2) 每天只选择一个拉练区域拉练, 并且晚上要赶到第二天计划拉练区域。

（3）在一个拉练区域拉练的时间最多一天，拉练长度为区域内拉练路线长度，不重复。应该如何安排拉练路线，使 10 天内拉练的路线最长？

8.（基本题）对于如图 5 - 22 所示的炮兵阵地部署问题，其中值为 0 的格子代表可以部署炮兵部队的平原，值为 -1 的格子代表不可以部署炮兵部队的山地位置，炮兵部队的攻击范围为正上、正下、正左、正右各两个格子，炮兵部队相互之间不能处于攻击范围之内，请求解其最大可部署炮兵部队的数量及其具体方案。

0	−1	−1	−1	−1	−1	−1	−1	−1	−1
−1	−1	0	−1	−1	−1	−1	−1	0	−1
−1	−1	−1	−1	−1	−1	−1	−1	−1	−1
−1	−1	−1	−1	−1	−1	−1	−1	−1	−1
−1	−1	−1	−1	−1	−1	−1	−1	−1	−1
−1	−1	−1	−1	−1	0	−1	−1	−1	−1
0	−1	−1	−1	−1	−1	−1	−1	−1	−1
−1	−1	0	0	−1	−1	−1	−1	−1	−1
−1	−1	−1	0	0	−1	−1	−1	−1	−1

图 5 - 22　炮兵阵地部署问题

9.（提高题）对于如图 5 - 22 所示的炮兵阵地部署问题，其中值为 0 的格子代表可以部署炮兵部队的平原，值为 -1 的格子代表不可以部署炮兵部队的山地位置，炮兵部队的攻击半径为 2（格子为正方形，边长为 1），炮兵部队相互之间不能处于攻击范围之内，请求解其最大可以部署炮兵部队的数量及其具体方案。

10.（基本题）小明一家四口人要过河。单独过河爸爸要 2 分钟，妈妈要 3 分钟，小明要 4 分钟，弟弟要 5 分钟。最多两个人同时过河，并且只有一个手电筒，每次都需要手电筒。两人过河按慢的时间算。请设计过河方案，使一家人过河总时间最少。

11.（提高题）小明一家六口人要过河。单独过河爷爷要 3 分钟，奶奶要 4 分钟，爸爸要 2 分钟，妈妈要 3 分钟，小明要 4 分钟，弟弟要 5 分钟。最多两个人同时过河，并且只有一个手电筒，每次都需要手电筒。两人过河按慢的时间算。请设计过河方案，使一家人过河总时间最少。

12.（基本题）有如图 5 - 23 所示的数塔，要求从顶层走到底层，若每一步只能走到相邻的节点，则经过的节点的数字之和最大是多少？

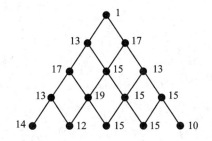

图 5 - 23　数塔

13.（基本题）某一警卫部门共有 10 支巡逻队，负责 4 个要害部位 A、B、C、D 的警卫巡逻。对每个部位可分别派出 2～4 支巡逻队，并且由于派出巡逻队数量的不同，各部位预期在一段时期内可能造成的损失有差别，具体数字见表 5-17。问警卫部门应往各部位分别派多少支巡逻队，可使总的预期损失最小?

表 5-17　各部位预期损失数据

巡逻队数量	部位 A	部位 B	部位 C	部位 D
1	38	23	50	24
2	35	21	45	22
3	31	19	38	21

14.(提高题)一台设备由三个串联的部件组成，这意味着任何一个部件的故障都会导致设备的故障。为了提高设备的可靠性，现准备采用安装并联备份部件的方法(这意味着要增加成本)，表 5-18 给出了不同数目的备份部件的可靠性机器费用(万元)关系，假设设备的成本不能超过 200 万元，请建立模型并求解。

表 5-18　不同数目的备份部件的可靠性机器费用关系

备份部件数量	部件 A		部件 B		部件 C	
	可靠性	价格/万元	可靠性	价格/万元	可靠性	价格/万元
1	0.61	10	0.53	15	0.87	11
2	0.83	20	0.79	30	0.98	21
3	0.95	29	0.90	43	0.99	32

第6章　网 络 计 划

　　网络计划是项目管理的重要工具之一，是运用网络理论研究项目并寻求优化方案的方法。网络计划技术是利用网络对计划任务的进度、费用及其组成部分之间的相互关系进行计划、检查和控制，以使项目协调运转的科学方法。由于网络计划技术的主要特点是统筹安排，因此国内有时称网络计划技术为统筹法。

　　最早提出的统筹方法是甘特图法，该方法是科学管理的奠基人泰勒的学生，美国福克兰兵工厂顾问甘特于20世纪40年代开发的一种计划与管理技术。甘特图以时间为横坐标，以工序为纵坐标，以线条长短表示一项工作或作业的开始和完成时刻以及工作的进展情况。由于甘特图以条形图进行系统计划和管理，故又称为横道图、条形图等（见图6-1）。

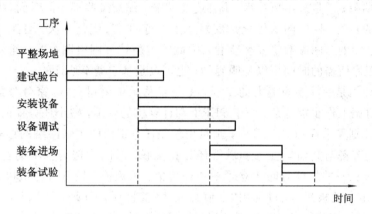

图 6-1　甘特图

甘特图的优点是简单明了、容易绘制、使用方便。甘特图的缺陷是：

　　（1）不能反映各项工作之间错综复杂的联系和制约的分工协作关系；

　　（2）不能区别系统中哪些工作是主要的、关键的生产联系和工序，反映不出全局的关键所在，不利于最合理地管理整个系统。

　　由于甘特图的这些缺陷，限制了它的使用范围。随着科学和技术的发展，系统的规模越来越大，甘特图已无法满足应用需求。20世纪50年代以来，各国科学家进行了积极的探索，提出了关键路线法和计划评审技术，从而产生了网络计划技术，在计算机广泛应用的基础上，网络计划技术的应用使大型复杂系统的计划和管理进入了一个新的阶段。网络计划技术的核心是按项目内在的时间和空间联系，将物质、能量和信息有机地组织起来，在最短的时间内，以最少的消耗实现系统的目标，取得最大的效益。

6.1 网络计划的发展历程

网络计划技术 20 世纪 50 年代产生于美国。1956 年，美国杜邦化学公司为了协调公司内部各个业务部门之间的协作，以及为了维修设备和筹建新的化工厂，聘请顾问公司研究出关键路线法(Critical Path Method，CPM)，实用效果十分显著。

1957 年，美国海军创建了 PERT(Program Evaluation and Review Technique，计划评审技术)并应用于"北极星"潜射导弹的研制工作中，使"北极星"潜射导弹的研制工作提前两年完成。

PERT 方法的优化流程为：依据工作流程绘制网络图，计算网络图参数，然后进行网络图的优化。网络图的优化以寻找关键路线为要点，在关键路线上寻找最有利的工序来缩短关键活动的时间，在可能的条件下将工序进一步细分，采用平行作业或交叉作业的方法使工期缩短。缩短关键路线的方法有三种：一是从非关键路线上抽调资源(人力、物力、财力等)集中于关键路线，以缩短关键路线的时间；二是通过增加资源的方法来缩短关键路线上完成任务的期限；三是采用新技术、新工艺等措施，缩短某些工序的时间，从而达到缩短关键路线时间的目的。网络图的优化是反复逐步进行的，每优化一次，各工序的机动时间逐次减少，网络图的时间参数将发生变化，因此需重新计算网络图参数，重新确定关键路线。对于每道工序所需的时间可以是明确的，也可以是基于概率估计的。

"北极星"计划是一项规模庞大的工程，由 8 家总承包公司、250 家分公司、3000 家三包公司承担，协调工作非常复杂。由于 PERT 和计算机的应用，整个任务提前 2 年完成。在美国海军特种计划局采用的 PERT 中，项目由相关任务组成的逻辑网络的形式描述并进行分析，每一个任务都与其前置任务和后续任务相关联。时间被选为基本的控制因子之一，因此针对每一项任务的持续时间建立了 3 个评价值：乐观值、最有可能值以及悲观值。基于这 3 种评价值，"北极星"项目利用"三值加权法"安排项目计划。PERT 的应用使"北极星"导弹项目提高了工作效率，缩短了计划工期，只用了 4 年时间就完成了原先预定 6 年完成的工程任务。

CPM 和 PERT 在原理上十分相似，都是采用网络模型，只是在工序时间的确定上有所差别。由于 PERT 是军方首创，对时间进度最为关心，而 CPM 是民间首创，对成本非常重视。一开始两种方法的侧重点略有差异，但在后来的使用与发展中逐渐靠拢并融为一体。

6.2 网 络 建 模

项目由一系列活动组成，活动的完成需要时间，不同的活动之间有相互的依存关系。在利用网络描述项目的时候，可以使用点来代表活动，使用有向边代表活动之间的先后依存关系，如图 6-2 所示。网络是项目计划及其组成部分相互关系的综合反映，是进行计划、管理和计算的依据。

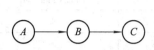

(a) 活动A是活动B的紧前活动，活动B是活动C的紧前活动，只有
A进行完之后，B才能开始，只有B进行完之后，C才能开始

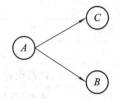

(b) 活动A是活动B和活动C的紧前活动，
只有A进行完之后，B和C才能开始

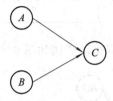

(c) 活动A和活动B是活动C的紧前活动，
只有A和B都进行完之后，C才能开始

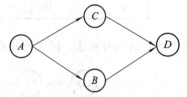

(d) 只有活动A进行完，B和C才能开始，
只有B和C都进行完之后，D才能开始

图 6-2 网络中活动的先后关系

网络建模的步骤如下：

（1）分解出相对独立的活动。分解出相对独立的活动就是将一项任务分解成若干项活动，分析并确定各项活动在工艺和组织方面的相互联系及相互制约关系。

（2）分析活动的顺序关系、依赖关系。确定各项活动的先后顺序，分析各项活动的依赖关系，确定各项活动的所有紧前、紧后活动和与它平行的活动。

（3）列出活动的名称、所需资源。确定各项活动的名称、工期、所需资源（人力、物力、时间）等参数。

（4）每个活动使用一个网络中的一个点来表示，紧前活动和当前活动之间使用一条有向边连接。

（5）为了便于分析，确保没有紧前活动的活动只有一个，没有直接后续活动的活动也只有一个。在所建立的网络中，如果有多个没有紧前活动的活动，则增加一个虚拟的起始活动，并将其连接到所有的没有紧前活动的活动；如果有多个没有直接后续活动的活动，则增加一个虚拟的结束活动，将所有的没有直接后续活动的活动连接到虚拟的结束活动。

例 6-1 经过分解和分析，某项目可以由 11 个活动组成，这些活动之间的关系和所需时间如表 6-1 所示。

表 6-1 项目活动分解

活动	描　述	紧前活动	所需时间/周
A	产品需求分析	无	3
B	生产流程设计	A	7
C	原材料购买	A	3
D	工具设备购买	B	5
E	原材料收货	D	15
F	设备收货	C	6

活动	描　　述	紧前活动	所需时间/周
G	产品试制	$E\&F$	3
H	产品设计评估	G	3
I	生产流程评估	G	5
J	形成可行性报告	$H\&I$	6
K	正式生产	J	5

利用项目活动分解表，可以绘制项目网络计划的网络示意图如图6-3所示。

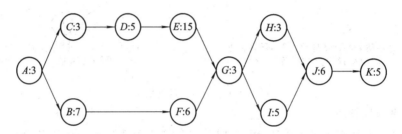

图6-3　项目网络计划的网络示意图

利用网络计划技术能够回答的问题包括：

（1）如果每个活动都按时完成，项目需要多久完工？

（2）如果项目要尽快完工，每个活动的工作时间窗口是什么？

（3）为了使项目尽快完成，哪些活动是瓶颈，哪些活动可以拖延，能拖延多久？

（4）如果有不确定性存在，项目按时完成的概率怎么计算？

（5）如果有一些额外的预算，花到什么地方可以使项目尽可能按时完成？

（6）如果要缩短项目工期，怎样使增加的费用最小？

6.3　关键路线法CPM

6.3.1　关键路线的计算

关键路线法是最先提出的网络计划技术。所谓关键路线，就是在项目的网络中，从起始活动到结束活动所花费时间最长的路线，短于关键路线的路线称为非关键路线。路线的长度使用路线上所有活动花费时间总和计算。

在网络中，关键路线决定整个项目的完成时间，关键路线上的所有活动均为关键活动，任何一个关键活动的完成时间均会影响整个项目的完成时间。而非关键路线上的非关键活动常常具有一定的机动时间，在一定范围内调整非关键活动的完成时间不会影响整个项目的完成时间。

关键路线法就是通过寻找网络中的关键路线，然后通过某种措施将非关键活动上的资源调整到关键活动上去，缩短关键活动的完成时间，从而达到缩短整个项目完成时间的目的。

为了利用最短路算法，可以将网络进行以下变换：将任意有向边的长度设为其起点活动对应的时间。

例如，对于图 6-3，就可以变换为如图 6-4 所示的普通网络，在这个网络中，可以利用最短路算法求解从 A 到 K 的最长路。

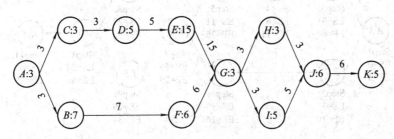

图 6-4　转换为有向边带权值的普通网络

相关 Matlab 代码如下：

```
A＝sparse(zeros(11))
A(1, 2)＝3;
A(1, 3)＝3;
A(3, 4)＝3;
A(4, 5)＝5;
A(2, 6)＝7;
A(6, 7)＝6;
A(5, 7)＝15;
A(7, 8)＝3;
A(7, 9)＝3;
A(8, 10)＝3;
A(9, 10)＝5;
A(10, 11)＝6;
G＝digraph(－A);
p＝shortestpath(G, 1, 11)
```

由此可得对于图 6-3，其最长路为 $A-C-D-E-G-I-J-K$，长度为 40。这里需要注意的是，在利用最短路算法求解得到最长路之后，返回的最长路的长度为这条路线上有向边的长度之和，等于除了最后一个活动的时间之和，因此，要计算关键路线的长度，还要用这个最长路的长度加上最后一个活动的时间，也就是 40+5。

6.3.2　几个时间参数的计算

对于网络中的任意一个活动，还可以计算以下几个参数：

(1) 最早开始时间(ES)和最早完成时间(EF)。

任何活动的最早开始时间都决定于其所有紧前活动的最早完成时间，任何活动的最早完成时间都等于其最早开始时间加上本身所需要的时间，因此有

$$最早开始时间(ES) = \max\{其紧前活动的最早完成时间\}$$

$$最早完成时间(EF) = ES + 活动时间$$

例如，在图 6-3 中，首先将没有紧前活动的活动 A 的最早开始时间设为 0，则其最早完成时间 EF＝3，然后，对于 B 和 C 来讲，最早开始时间都等于 A 的最早完成时间，然后依次进行计算，计算的顺序参见图 6-5 中 Step 的序号。

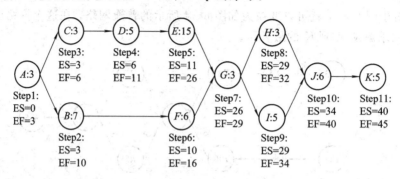

图 6-5　最早开始时间和最早完成时间的计算

（2）最晚完成时间（LF）和最晚开始时间（LS）。

最晚完成时间和最晚开始时间，就是在保证整个项目最后一个活动的最早完成时间等于最晚完成时间的情况下，从后往前计算各个活动的最晚完成时间和最晚开始时间。在所有活动的最早开始时间和最早完成时间已经确定的情况下，可以计算所有活动的最晚完成时间和最晚开始时间，计算公式为

最晚完成时间（LF）＝ min｛直接后续活动的最晚开始时间（LS）｝

最晚开始时间（LS）＝ 本活动的最晚完成时间（LF）－ 本活动的活动时间

例如，在图 6-5 中，首先将没有直接后续活动的活动 K 的最晚完成时间（LF）设为活动 K 的最早完成时间（EF），这样就可以保证整个项目的工期不被拖后。活动 K 的最晚开始时间（LS）等于最晚完成时间减去活动 K 本身所需要的时间。然后可以计算以 K 为直接后续活动的 J 的最晚完成时间（LF），等于活动 K 的最晚开始时间，然后依次进行计算，计算步骤如图 6-6 中 Step 的序号所示。

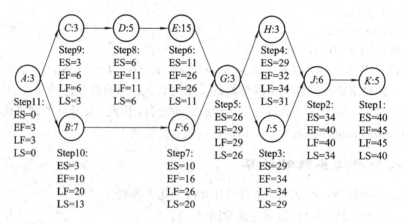

图 6-6　项目活动的最晚完成时间和最晚开始时间

（3）可松弛时间。

可松弛时间就是某个活动在不影响整个项目工期的情况下，可以进行活动的时间窗口，其计算公式如下：

可松弛时间(ST) ＝ 最晚完成时间(LF) － 最早完成时间(EF)

可松弛时间(ST) ＝ 最晚开始时间(LS) － 最早开始时间(ES)

例如，对于图 6-6，可以计算每个活动的可松弛时间如图 6-7 所示，其中，可松弛时间为零的关键活动使用深色表示。

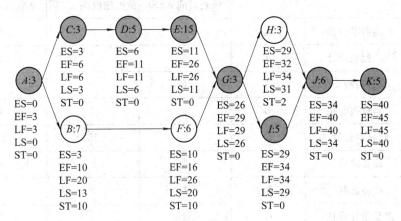

图 6-7　活动的可松弛时间及关键活动

关键路线上的活动的可松弛时间都是零，也就是都不能松弛。所有可松弛时间为零的活动都是关键活动，所有可松弛时间大于零的均是非关键活动。获得了关键路线和关键活动，即可进行优化调整，从非关键活动调整资源到关键活动，从而缩短关键活动的活动时间。网络调整后，关键路线可能会发生变化，网络可能要重新绘制，并重新计算新的网络参数，重复进行以上步骤。

6.4　计划评审技术 PERT

在 CPM 中，各活动的时间是确定的，因此 CPM 只适用已经定型或有足够经验的项目。但在很多实际工程项目中，每一个活动的时间是随机的或不确定的。在这种情况下，因为无充分、准确的资料，故各活动的时间只能由估算得出。将估算的时间作为 CPM 网络的时间参数，即构成 PERT 网络。因此可以认为，PERT 网络和 CPM 网络是本质相同而处理对象不同的两种方法，CPM 网络是当 PERT 网络的时间参数退化为确定型时间参数时的一种特例。

PERT 是 1957 年由美国海军创建的，采用三点时间估计法计算活动时间，三点时间估计法采用乐观时间、最可能时间和悲观时间三种时间值，用概率求和的方法计算工序时间，得出工序所需的期望时间及表示其分散程度的方差值。

乐观时间 t_o 表示活动完成的乐观估计时间，即在顺利情况下完成某个活动所需的时间。

最可能时间 t_m 表示活动完成的最可能估计时间，即在正常情况下完成某个活动所需的时间。

悲观时间 t_p 表示活动完成的悲观估计时间，即在不利情况下完成某个活动所需的时间。

例 6-2　经过分解和分析，某项目可以由 11 个活动组成，这些活动之间的关系和所需时间如表 6-2 所示。

表 6-2 项目的活动及其所需时间估计

活动	描述	紧前活动	所需时间		
			乐观时间 t_o/周	最可能时间 t_m/周	悲观时间 t_p/周
A	产品需求分析	无	1	3	5
B	生产流程设计	A	2	7	9
C	原材料购买	A	1	3	6
D	工具设备购买	B	2	5	7
E	原材料收货	D	6	15	17
F	设备收货	C	2	6	8
G	产品试制	E 和 F	1	3	5
H	产品设计评估	G	2	3	5
I	生产流程评估	G	2	5	7
J	形成可行性报告	H 和 I	3	6	8
K	正式生产	J	2	5	7

对于任何一个活动，都可以估计出以上 3 种时间，因此这是一种活动时间具有随机性的问题。3 种估计时间都是一种带有概率性的时间估计，按乐观估计时间和悲观估计时间完成活动的概率较小，而按最可能估计时间完成活动的概率较大。对于不同的概率分布，完成活动的期望时间和方差的计算方法也不同。在实际工作中完成活动的期望时间和方差可按经验公式计算。

活动所需时间的期望为

$$\mu = \frac{t_o + 4\,t_m + t_p}{6}$$

对于所需时间的期望 μ，这里实际上是采用了加权求和的方法，即假设活动最可能完成时间的权值为 4/6，乐观时间和悲观时间的权值为 1/6，而 $4/6 \approx 0.6666$，接近于黄金分割率。

在 PERT 中，假设所需时间的概率分布为一种贝塔分布，而对于贝塔分布来讲，大部分值落在区间 $[\mu-3\sigma, \mu+3\sigma]$ 内。因此，假设 $t_p - t_o = 6\sigma$，可以估计活动所需时间的方差为

$$\sigma^2 = \left(\frac{t_p - t_o}{6}\right)^2$$

需要注意的是，这里的活动所需时间的期望和方差，均是估计值。

例如，可以在表 6-2 的基础上，计算任一活动所需时间的期望及其方差，如表 6-3 所示。

表 6 – 3　项目的活动所需时间的期望及方差

活动	描　述	紧前活动	所需时间			期望 μ	方差 σ^2
			乐观时间 t_o /周	最可能时间 t_m /周	悲观时间 t_p /周		
A	产品需求分析	无	1	3	5	3.00	0.44
B	生产流程设计	A	2	7	9	6.50	1.36
C	原材料购买	A	1	3	6	3.17	0.69
D	工具设备购买	B	2	5	7	4.83	0.69
E	原材料收货	D	6	15	17	13.83	3.36
F	设备收货	C	2	6	8	5.67	1.00
G	产品试制	E 和 F	1	3	5	3.00	0.44
H	产品设计评估	G	2	3	5	3.17	0.25
I	生产流程评估	G	2	5	7	4.83	0.69
J	形成可行性报告	H 和 I	3	6	8	5.83	0.69
K	正式生产	J	2	5	7	4.83	0.69

　　如果以活动所需时间的期望 μ 作为活动所需时间，将随机问题转化为确定型问题，即可采用 CPM 的方法求解网络的关键路线，这条关键路线称为 PERT 的期望关键路线。也就是说，期望关键路线就是以活动所需时间的期望作为活动确定的时间，在网络上得到的关键路线。因此，期望关键路线 p 的期望长度为

$$\mu_p = \sum_{i \in p} \mu_i$$

其中，μ_i 为活动 i 所需时间的期望。

　　然而，由于项目活动的随机性，期望关键路线上的所有活动未必都按照期望的时间完成，也就是说，期望关键路线 p 的长度 d_p 应该是一个随机值，且有

$$E(d_p) = \mu_p$$

　　如果所有活动所需时间是相互独立(需要注意的是，这个假设有的时候并不成立，有的时候，影响一个活动的因素，也会影响另外一个活动)，且具有相同的分布，则 d_p 的方差为

$$\sigma_p^2 = \sum_{i \in p} \sigma_i^2$$

其中，σ_i^2 为活动 i 所需时间的方差。

　　例如，利用表 6 – 3 可以得到网络的期望关键路径如图 6 – 8 所示，网络中的活动的所需时间均使用期望时间表示，则期望关键路径 p 为 A—C—D—E—G—I—J—K，期望长度为 $\mu_p = 53.67$，期望方差为 $\sigma_p^2 = 7.72$。

　　同理，网络上的其他路线也可以按照同样的假设和公式计算期望长度及其方差，所有路线长度的期望值和方差如表 6 – 4 所示。

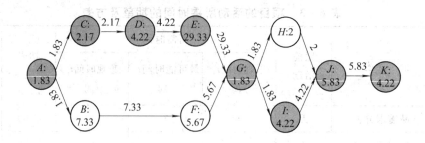

图 6-8　网络的期望关键路径

表 6-4　网络中不同路线长度的期望值和方差

序号	路　　　线	期望值 μ_p	方差 σ_p^2
1	$A-C-D-E-G-I-J-K$(期望关键路线)	43.33	7.72
2	$A-C-D-E-G-H-J-K$	41.67	7.28
3	$A-B-F-G-H-J-K$	33.67	5.33
4	$A-B-F-G-I-J-K$	33.67	5.33

如果假设路线 p 的长度服从均值为 μ_p 方差为 σ_p^2 的正态分布,则路线 p 的长度为 d_p 的概率为

$$f(d_p) = \frac{1}{\sqrt{2\pi}\,\sigma_p}\mathrm{e}^{\frac{(d_p-\mu_p)^2}{2\sigma_p^2}}$$

路线 p 的长度小于等于 d_p 的概率为

$$F(d_p) = \int_0^{d_p} f(t) = \Phi\left(\frac{d_p-\mu_p}{\sigma_p}\right) = \Phi(\lambda)$$

$$\lambda = \frac{d_p-\mu_p}{\sigma_p}$$

则通过查正态分布表,可以得到 $F(d_p)$ 的值,也可以使用 Excel 中的 NORMDIST 函数求解。

例如,对于表 6-4 中的不同路径,计算在 40 周内完成的概率如表 6-5 所示。

表 6-5　网络中不同路线长度的期望值和方差

序号	路　　　线	期望值 μ_p	方差 σ_p^2	λ	$F(50)$
1	$A-C-D-E-G-I-J-K$	43.33	7.72	-1.200	0.12
2	$A-C-D-E-G-H-J-K$	41.67	7.28	-0.618	0.27
3	$A-B-F-G-H-J-K$	33.67	5.33	2.742	1.00
4	$A-B-F-G-I-J-K$	33.67	5.33	2.742	1.00

λ 称为计划难易程度系数。当 $\lambda \leqslant -3$ 时,表示任务在规定的期限内很难完成;当 λ 在区间 $(-3, -0.5)$ 时,表示需做很大努力才能完成任务;当 λ 在区间 $(-0.5, 0.5)$ 时,表示

任务在规定期限内完成的可能性很大；当 λ 在区间$(0.5，3)$时，表示按期完成计划任务较为容易；当 $\lambda \geqslant 3$ 时，表示很容易在指定期限内完成任务，计划留有太大余地，比较保守。λ 为负值的计划比较先进，是安排较紧的计划；λ 为正值的计划是留有余地的计划。

6.5 时间-费用优化

时间-费用优化的目的主要是解决如何缩短总工期至规定值并最小化费用的问题。

如果总工期小于规定的工期，则说明项目的时间要求并不紧迫，关键路线还可延长，可降低资源投入的强度。

如果总工期等于规定的工期，则说明此计划较合适，无须调整。

如果总工期大于规定的工期，则说明计划的总工期不能满足实际需求，需对项目计划进行修改和调整。

工期的长短主要取决于关键路线，如果关键路线上的活动时间延长，总工期必定延长，关键路线上的活动时间缩短，总工期相应缩短，但是未必是等额缩短。工期缩短是有前提的，只有在关键路线不发生转移的条件下，总工期才随着关键路线上活动时间的缩短而缩短。如果关键路线发生转移，则工期的长短取决于新的关键路线。

例如，对于图 6-9 所示的网络，关键路线的总长度为 45，如果将关键活动 E 所需的时间从 15 缩短为 1，则重新计算网络的时间参数，可得关键路线的总长度为 35，调整后的关键路线总共缩短了 10，与关键活动 E 缩短的时间 14 并不相等，因为关键路线发生了转移。

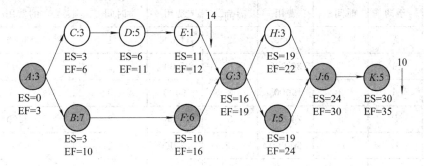

图 6-9 关键活动时间的缩短与总工期的缩短并不一定等额

活动按照正常时间完成一般对应一个可以预计的费用。如果要缩短活动完成的时间，一般要增加费用。假设活动缩短的时间和需要增加的费用呈线性关系，则可以使用线性规划模型求解缩短项目总时间情况下的最小费用调整方案。

假设项目由 m 个活动构成，令决策变量 x_i 代表活动 i 压缩的时间，令 a_i 为活动 i 最多可以压缩的时间，则 x_i 应该满足以下约束

$$x_i \leqslant a_i$$

令活动 i 的单位时间压缩费用为 c_i，则总的压缩费用为

$$z = \sum_{i=1}^{m} c_i x_i$$

令活动 i 的开始时间为 s_i，结束时间为 f_i，令活动 i 的紧前活动为 $\mathrm{Pre}(i)$，则对于任意

活动 i，均有

$$s_i + \tau_i - x_i = f_i$$

当前活动和其紧前活动还应满足如下条件，也就是活动 i 要等所有的紧前活动都结束了才能开始。

$$f_{\text{Pre}(i)} \leqslant s_i$$

假设项目的总工期要压缩到 b，则最后一个活动 m，也就是结束活动的最早完成时间要满足以下条件

$$f_m \leqslant b$$

综合来说，将项目工期压缩到 b 的最小费用线性规划模型如下

$$\min z = \sum_{i=1}^{m} c_i x_i$$
$$s_i + \tau_i - x_i = f_i$$
$$f_{\text{Pre}(i)} \leqslant s_i$$
$$f_m \leqslant b$$
$$0 \leqslant x_i \leqslant a_i$$

例 6 - 3 某项目可以分解为 11 个活动，各个活动正常完成所需的时间、费用，赶工所需的时间、费用等参数如表 6-6 所示。正常工期为 45 周，如果要想将项目的总工期缩短为 40 周，怎样安排赶工才能使费用最小？

表 6 - 6　某项目的活动所需时间、费用等参数

活动	紧前活动	所需时间 τ_i	所需费用	赶工时间 $\hat{\tau_c}$	赶工费用	可压缩时间 a_i	压缩单位时间的费用 c_i
A	无	3	8000	2	11 000	1	3000
B	A	7	30 000	6	35 000	1	5000
C	A	3	6000	3	6000	0	0
D	B	5	24 000	3	28 000	2	2000
E	D	15	60 000	13	72 000	2	6000
F	C	6	5000	5	6500	1	1500
G	$E\&F$	3	6000	3	6000	0	0
H	G	3	4000	3	4000	0	0
I	G	5	4000	4	5000	1	1000
J	$H\&I$	6	4000	4	6400	2	1200
K	J	5	5000	5	5000	0	0

可以建立问题的线性规划模型，目标函数为

$$\min z = 3x_1 + 5x_2 + 2x_4 + 6x_5 + 1.5x_6 + x_9 + 1.2x_{10}$$

约束条件如表 6-7 所示。

表 6 - 7　约束条件

可压缩时间约束	活动时间关系	紧前活动约束	总工期约束
$0 \leqslant x_1 \leqslant 1$	$s_1 = 0$	$f_1 \leqslant s_2$	
$0 \leqslant x_2 \leqslant 1$	$s_1 + 3 - x_1 = f_1$	$f_1 \leqslant s_3$	
$x_3 = 0$	$s_2 + 7 - x_2 = f_2$	$f_3 \leqslant s_4$	
$0 \leqslant x_4 \leqslant 2$	$s_3 + 3 - x_3 = f_3$	$f_4 \leqslant s_5$	
$0 \leqslant x_5 \leqslant 2$	$s_4 + 5 - x_4 = f_4$	$f_2 \leqslant s_6$	
$0 \leqslant x_6 \leqslant 1$	$s_5 + 15 - x_5 = f_5$	$f_6 \leqslant s_7$	$f_{11} \leqslant 40$
$x_7 = 0$	$s_6 + 6 - x_6 = f_6$	$f_5 \leqslant s_7$	
$x_8 = 0$	$s_7 + 3 - x_7 = f_7$	$f_7 \leqslant s_8$	
$0 \leqslant x_9 \leqslant 1$	$s_8 + 3 - x_8 = f_8$	$f_7 \leqslant s_9$	
$0 \leqslant x_{10} \leqslant 2$	$s_9 + 5 - x_9 = f_9$	$f_8 \leqslant s_{10}$	
$x_{11} = 0$	$s_{10} + 6 - x_{10} = f_{10}$	$f_9 \leqslant s_{10}$	
	$s_{11} + 5 - x_{11} = f_{11}$	$f_{10} \leqslant s_{11}$	

求解此线性规划的代码如下:

```
clc
clear
c=zeros(1, 33);
c(1)=3; c(2)= 5; c(4) = 2; c(5)=6; c(6)=1.5; c(9)=1; c(10)=1.2;
ub=inf * ones(1, 33);
lb=zeros(1, 33);
ub(1)=1; ub(2)=1; ub(3)=0; ub(4)=2; ub(5)=2; ub(6)=1; ub(7)=0; ub(8)=0; ub(9)
=1; ub(10)=2; ub(11)=0;
Aeq=zeros(11, 33); beq=zeros(1, 11);
Aeq(1, 12)=1; beq(1)=0;
for i=2: 12
    Aeq(i, 10+i)=1;
    Aeq(i, i-1)=-1;
    Aeq(i, 21+i)=-1;
end
beq(2)=-3; beq(3)=-7; beq(4)=-3; beq(5)=-5; beq(6)=-15; beq(7)=-6; beq(8)=
-3;
beq(9)=-3; beq(10)=-5; beq(11)=-6; beq(12)=-5;

I=[2 3 4 5 6 7 7 8 9 10 10 11]+11;
J=[1 1 3 4 2 6 5 7 7 8 9 10 ]+22;
for i=1: 12
    A(i, I(i))=-1;
    A(i, J(i))=1;
    b(i)=0;
```

end

A(13，33)＝1；

b(13)＝40；

[x，fval]＝ linprog(c, A, b, Aeq, beq, lb, ub)

由此得到的结果为 $x_4＝2$，$x_9＝1$，$x_{10}＝2$，其他为 0。也就是，活动 D 压缩 2 周，活动 I 压缩 1 周，活动 J 压缩 2 周，可以使总工期等于 40 周，并且增加的费用最少。

经过压缩后的网络计划图如图 6-10 所示。

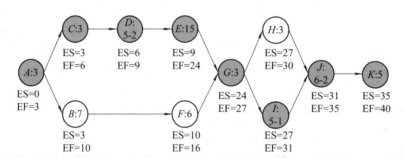

图 6-10　将总工期压缩到 40 周的最小费用网络计划图

习　题　6

1. (基本题)某道路施工项目可以分解为 8 个工作，每个工作所需的时间及其紧前工作如表 6-8 所示，请完成以下工作：

表 6-8　道路施工项目工作分解

工作序号	描　　述	紧前工作	所需时间	所需费用	赶工时间	赶工费用
A	施工准备	无	30	38 970	22	340 160
B	土方工程	A	20	289 300	15	261 560
C	路基工程	B	30	590 200	21	455 790
D	机械挖掘安装排水设施	B	20	249 000	15	218 900
E	杂物清理工作	C	10	53 000	7	45 300
F	路面工程	C 和 D	40	880 000	35	890 810
G	土路肩及边坡修护	C 和 E	30	461 500	21	378 350
H	后期清理及完善至通车	F 和 G	40	839 700	32	756 890

(1) 绘制项目的网络计划图。

(2) 求解网络计划图的关键路线。

(3) 计算各个活动的最早开始时间、最早结束时间、最晚开始时间、最晚结束时间、可松弛时间，确定关键活动和非关键活动。

(4) 如果总工期压缩 10，则计算所需要增加的最小费用。

2. (基本题)某装备维修项目活动时间参数表如表 6-9 所示，请完成以下工作：

表 6 − 9　项目互动分解及其时间参数

活动序号	描　述	紧前工作	t_o	t_m	t_p
A	施工准备	无	10	20	30
B	主控台修理	A	20	35	30
C	高压模块检修	B	30	38	50
D	电视显示器检修	C	20	25	35
E	激光装置检修	D	25	30	40
F	波导检修	C	15	33	50
G	天线检修	C	30	35	40
H	天线镜头检修	G	11	22	30
I	激励器模块检修	E	23	30	56
J	完工验收	H 和 I	10	12	25

（1）绘制项目的网络计划图。

（2）计算各个活动所需时间的期望值和方差。

（3）找出网络计划图的期望关键路线，并计算其长度的期望值和方差。

第7章　排队系统分析

7.1　排队现象及范例

　　排队现象在我们的生活和工作中很常见。但是一般来讲，我们并不喜欢排队，因为排队意味着为了等待稀缺资源而付出时间成本。我们不喜欢排队，讨厌排队，在一个理想的世界里没有排队。然而，我们却无法消灭排队，只能优化它，好好地利用它。

　　排队现象无法消除，是因为在这个系统中有两个对立统一的博弈主体，接受服务方和提供服务方，接受服务方不希望排队，就必须要增加服务台或者提高服务台的性能，而这意味着提供服务方需要付出更多的费用。因此，排队现象的存在，本质上是接受服务方和提供服务方利益矛盾动态平衡的结果。排队系统的分析，就是要通过数学的和计算机的手段，从提供服务方和接受服务方两个角度度量双方的"付出"，进而优化排队系统的配置。

　　排队系统可以看作是一个黑盒。顾客为了获得某种服务而来（到达），由于顾客多而需要等待，在达成目的之后离开系统（见图7-1）。

图7-1　排队系统举例

　　在排队系统中，来排队请求服务的称为顾客，提供服务的称为服务台。顾客的主体可以是人，也可以是物，还可以是信息以及抽象的待处理任务等，如表7-1所示。

表7-1　形形色色的排队系统

顾客主体类别	顾　客	请 求 的 服 务	服务台
人	银行顾客	开户、挂失、取钱、存钱、转账等	银行柜台
	病人	诊疗	医院
	超市消费者	结账	超市收银台
	饭堂消费者	打饭	饭堂窗口
物	待修的机器	修理	修理厂
	来袭飞机	打击	防空武器
	汽车	过路口	红绿灯
	飞机	等待起飞	机场
	包裹	分发	分发设备
信息、任务	计算机指令	计算	CPU
	数据	传输	交换机

7.2 排队系统分类

影响排队系统的重要参数包括顾客源及其到达规律、服务时间规律、服务台数量、排队系统配置及容量、排队规则等。Kendall 在 1953 年提出了按照排队系统的关键要素进行分类的方法，得到普遍的采用，并使用六位的字符串来表示不同类型的排队系统：$X/Y/Z/A/B/C$。

X：表示顾客相继到达间隔时间分布；

Y：表示服务时间分布；

Z：表示服务台个数；

A：表示系统的容量限制；

B：表示顾客源数目；

C：表示排队规则。

其中有顾客到达时间间隔分布和服务时间分布，常用的有负指数分布用 M 标识，定长输入（确定型分布）用 D 标识，k 阶爱尔朗分布用 E_k 标识，一般相互独立的随机分布用 G 标识。

例如，某排队问题记为 $M/M/S/\infty/\infty/FCFS$，表示此排队系统满足以下特征：顾客到达间隔时间为指数分布，服务时间为负指数分布，有 S 个服务台，系统等待空间容量无限（等待制），顾客源无限，采用先到先服务规则。

排队规则代表排队系统对队列中排队顾客调度策略，经常会碰到的排队规则有以下几种：

(1) 先进先出：这一原则也被称为先到先得，即顾客一次只能得到一个服务，先来的顾客也就是等待时间最长的顾客先得到服务。

(2) 后进先出：这个原则也可以一次服务一个顾客，但是最后一个到达的，也就是等待时间最短的顾客会先得到服务。这在算法中会经常用到，其利用的数据结构常为堆栈。

(3) 优先级：优先考虑的顾客是第一位的。优先级队列可以分为两种类型，非抢占（服务中的作业不能被中断）和抢占（服务中的作业可以被高优先级作业中断）。

7.3 Little 定律

Little 定律描述了排队系统中的顾客平均数量 L 与顾客到达率 λ、在系统中平均逗留时间 W 的关系

$$L = \lambda W$$

这样的一个关系对各类排队系统来讲具有普遍的适应性。例如，一个大学每年招生 $\lambda = 10\ 000$ 人，平均在校时间为 $W=4$ 年，则大学里平均的在校生数量为 $L=\lambda W=40\ 000$。

下面首先通过一个直观的例子来理解 Little 定律的正确性。

首先在图 7-2(a) 中，横坐标表示时间，纵坐标表示系统中的顾客数量，则随着时间的推进，系统中的顾客数量会随着顾客的到达或者离开而变化。图 7-2(b) 显示了各个顾客在

系统中的逗留时间。图 7 - 2(c)使用不同的颜色具体标识了不同的顾客对于阴影部分面积的贡献。

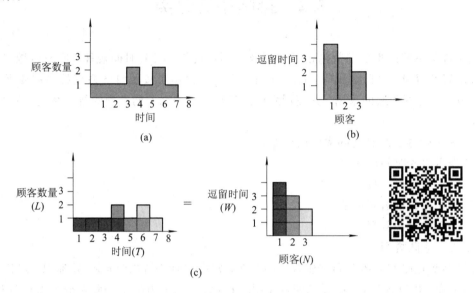

图 7 - 2 Little 定律的一个例子

可以很容易得出结论,这两个图的阴影部分的面积是相等的。在更一般化的例子中,这两部分的面积相等也是成立的。在一般的问题中,在时间区间 $[0, T]$ 内,设阴影部分的面积为 S,系统中顾客的平均数量为 L,总共到达的顾客数量为 N,系统中顾客逗留的平均时间为 W,则有

$$S = TL = NW$$

即得

$$L = \frac{NW}{T} = \left(\frac{N}{T}\right)W = \lambda W$$

例 7 - 1 假设某高速收费站车辆的平均到达数量为每小时 200 辆,车辆排队的平均队长为 5,请计算车辆在收费站的平均逗留时间。

根据已知,$L=5$,$\lambda=200$,根据 Little 公式得

$$W = \frac{5}{200} = 0.025$$

车辆的平均逗留时间为 0.025 小时,即 1.5 分钟,和车辆到达时间间隔分布没有关系。

7.4 排队系统的解析

研究排队系统的主要工具是概率论、随机过程和仿真。因为对于没有随机性的排队系统,分析起来相对简单。例如,对流水线作业来讲,如果流水线上的产品的数量以及到达的时间都是可以比较准确预测的,则排队的长度、平均等待时间等指标都是可以用简单的解析方法得到的。

但是对于多数的排队服务系统来讲,顾客的到达和服务时间都是随机的。因此需要对

顾客到达、服务时间等进行假设。

解析的方法能解决的较为简单的情况就是顾客到达时间间隔服从指数分布、服务时间服从指数分布的各类排队系统。对于到达时间间隔及服务时间服从指数分布的排队系统，无须进行仿真，进行解析计算能够更快地完成分析。

7.4.1　指数分布

在很多排队情形中，可以认为顾客的到达完全是随机发生的。这意味着一个事件（顾客到达或者服务完成）的发生不受上一个事件发生后所间隔时间长短的影响。这种性质使排队系统的顾客到达时间间隔和服务时间可以使用指数分布来描述，而这又为问题的分析提供了便利。

所谓某个变量 t（如顾客到达时间间隔或者服务时间）服从指数分布，指的是 t 的概率密度函数为

$$f(t) = \lambda\,\mathrm{e}^{-\lambda t},\ t > 0$$

因此，我们可以计算其期望值及累积概率分布如下：

$$E(t) = \int_0^\infty t\lambda\,\mathrm{e}^{-\lambda t} = \frac{1}{\lambda}$$

$$P(t \leqslant T) = \int_0^T \lambda\,\mathrm{e}^{-\lambda t} = 1 - \mathrm{e}^{-\lambda t}$$

$$P(t > T) = \mathrm{e}^{-\lambda t}$$

指数分布有一个非常著名的性质，被称为遗忘性或者无记忆性。所谓无记忆性，是指顾客在未来一段时间内到达的概率仅与这段时间间隔有关系，与顾客以前的到达事件没有关系。如果一个设备的可靠性服从指数分布，则它将来一年发生故障的概率与它已经故障了几次以及什么时间故障的没有关系。

假设上一个顾客到达到现在已经过了时间 $S > 0$，下一个顾客到达还需要经过的时间 T 与 S 没有关系。指数分布具有如下关系：

$$P(t > T + S \mid t > S) = P(t > T)$$

证明：

$$P(t > T + S \mid t > S) = \frac{P(t > T + S,\, t > S)}{P(t > S)} = \frac{P(t > T + S)}{P(t > S)} = \mathrm{e}^{-\lambda t} = P(t > T)$$

例 7-2　假设某部有两部同型号雷达 A 和 B，A 雷达刚刚修理好，B 雷达上次故障是在一年前，两部雷达的故障间隔时间服从指数分布，平均值均为 2000 小时，请问未来半年内两部雷达发生故障的概率分别是多少？未来一年内发生故障的概率是多少呢？

因为故障间隔时间服从指数分布，且平均值为 2000，因此

$$\lambda = \frac{1}{2000}$$

假设一年为 365 天，也就是 8760 小时，则根据指数分布的无记忆性可知，未来一段时间发生故障的概率和上一次故障发生的时间没有关系。

对于 A 雷达和 B 雷达，未来半年内发生故障的概率均为

$$P(t \leqslant 4380) = 1 - \mathrm{e}^{-\frac{4380}{2000}} = 0.8881$$

未来一年内发生故障的概率均为

$$P(t \leqslant 8760) = 1 - e^{-\frac{8760}{2000}} = 0.9875$$

7.4.2 生灭过程

1. 生灭过程图

令排队系统中顾客的数量为系统的状态,在同一时刻最多只有一名顾客到达或者离开的假设下,系统的状态只在相邻的状态之间转移,并且设 λ_k 为系统中有 k 个顾客的时候顾客的到达率,也即单位时间内到达顾客数量的期望;μ_k 为系统中有 k 个顾客的时候顾客的离开率,也即单位时间内离开顾客数量的期望。则可以建立排队系统的生灭过程图如图 7-3 所示。

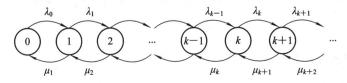

图 7-3 排队系统生灭过程图

2. 平衡方程及状态概率

对于顾客到达时间间隔及服务时间是随机分布的排队系统来讲,系统的状态将是动态变化的,设 $p(k)$ 为系统处于状态 k 的概率,也就是系统中有 k 个顾客的概率。并且根据生灭过程图,我们有如下平衡方程

$$p(0)\lambda_0 = p(1)\mu_1$$
$$p(1)\lambda_1 + p(1)\mu_1 = p(0)\lambda_0 + p(2)\mu_2$$
$$p(2)\lambda_2 + p(2)\mu_2 = p(1)\lambda_1 + p(3)\mu_3$$
$$\cdots$$
$$p(k)\lambda_k + p(k)\mu_k = p(k-1)\lambda_{k-1} + p(k+1)\mu_{k+1}$$
$$\cdots$$

也就是说每个状态处,期望的流入速率等于期望的流出速率,否则概率 $p(k)$ 将是变化的。

将上述等式左右分别相加,左右相等部分两两抵消如下:

$$p(0)\lambda_0 = p(1)\mu_1$$
$$p(1)\lambda_1 + p(1)\mu_1 = p(0)\lambda_0 + p(2)\mu_2$$
$$p(2)\lambda_2 + p(2)\mu_2 = p(1)\lambda_1 + p(3)\mu_3$$
$$\cdots$$
$$p(k)\lambda_k + p(k)\mu_k = p(k-1)\lambda_{k-1} + p(k+1)\mu_{k+1}$$
$$\cdots$$

可以得到

$$p(1) = \frac{\lambda_0}{\mu_1} p(0)$$
$$p(2) = \frac{\lambda_1 \lambda_0}{\mu_2 \mu_1} p(0)$$

$$p(3) = \frac{\lambda_2 \ \lambda_1 \ \lambda_0}{\mu_3 \ \mu_2 \mu_1} p(0)$$

$$\cdots$$

$$p(k) = \frac{\lambda_{k-1} \cdots \lambda_1 \ \lambda_0}{\mu_k \cdots \mu_2 \mu_1} p(0)$$

另外，还有

$$\sum_{k=1}^{\infty} p(k) = 1$$

联立以上方程求解可以得到系统处于各个状态概率的数值。

3. 队长及顾客等待时间

排队系统中顾客数量的期望为

$$L = \sum_{k=1}^{\infty} k \cdot p(k)$$

假设系统中服务台的数量为 Z，则系统中排队顾客的期望为

$$L_q = \sum_{k=Z+1}^{\infty} (k - Z) \cdot p(k)$$

排队系统中正在接受服务的顾客的数量的期望为

$$L_b = \sum_{k=1}^{Z} k \cdot p(k) + \sum_{k=Z+1}^{\infty} Z \cdot p(k)$$

同时，L_b 也是系统中处于繁忙状态的服务台数量的期望值。

根据 Little 定律，可以得到排队系统中顾客的等待时间期望值为

$$W = \frac{L}{\lambda}$$

7.4.3　应用案例：自助洗车机排队系统解析

1. 问题描述

某自助洗车点有 2 台自助洗车设备，经过较长时间的运营统计发现，一辆车的自助清洗时间服从指数分布，平均值为 30 分钟。路边有 5 个临时停车位可供排队，因为有监控的存在，不会有司机违章停车，也就是排队的队列长度不会大于 5。假定车辆按照泊松分布到达，平均每小时 6 辆车。请根据你学习过的排队模型的知识，计算洗车点的车辆的期望数，车辆在洗车点的期望逗留时间 W_s 以及在临时停车位上的排队等待时间期望 W_q。

2. 建立模型

车辆是排队系统的顾客，两个自主洗车机是排队系统的两个服务台。顾客按照泊松分布到达，平均每小时 6 辆，不受排队系统中顾客数量的影响，因此到达率均为每小时 6 个。顾客的离开率根据系统中不同的顾客数量而有所不同，当系统中有一个顾客的时候，一个服务台为顾客提供服务，顾客离开的速率为每小时 2 个，当系统中有 2 个顾客的时候，两个服务台为顾客提供服务，顾客离开的速率为每小时 4 个，当系统中有 3 个及以上顾客的时候，仍然只有 2 个顾客接受服务，其他顾客在排队等待，因此离开率为 4，排队系统的生灭过程图如图 7-4 所示。

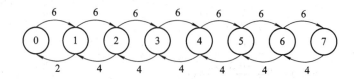

图 7-4　自助洗车机排队系统生灭过程图

3. 性能分析

根据图 7-4，可得到以下方程组：

$$6p(0) = 2p(1)$$
$$6p(1) + 2p(1) = 6p(0) + 4p(2)$$
$$6p(2) + 4p(2) = 6p(1) + 4p(3)$$
$$6p(3) + 4p(3) = 6p(2) + 4p(4)$$
$$6p(4) + 4p(4) = 6p(3) + 4p(5)$$
$$6p(5) + 4p(5) = 6p(4) + 4p(6)$$
$$6p(6) + 4p(6) = 6p(5) + 4p(7)$$
$$4p(7) = 6p(6)$$
$$\sum_{i=0}^{7} p(i)$$

求解方程组可得平稳状态概率 p_n

$$p_n = \left(\frac{2}{3}\right)^n p(0),\ n = 0,1,\cdots,7$$

$$\sum_{i=0}^{7} p(i) = \sum_{i=0}^{7} \left(\frac{2}{3}\right)^n p(0) = 1$$

因此

$$p(0) = 0.3469$$

$$p_n = 0.3469 \left(\frac{2}{3}\right)^n$$

则洗车点车辆的期望数为

$$L = \sum_{i=0}^{7} i \cdot p(i) = 1.8175$$

　　易错预警：在利用 Little 定律的时候，一定要区分顾客源的顾客产生率和排队系统的顾客到达率，不能简单地使用顾客源的顾客产生率代替排队系统的顾客到达率。检查一下顾客源产生的顾客是否都会进入排队系统，如果不是，两者就不相等。

　　车辆到达排队系统后，发现排队系统已满的概率为 $p(7)$，在此情况下，后来的车辆只能离开。因此，虽然顾客源产生顾客的平均速率为 6，但是对排队系统来讲，能够实际进入系统的顾客到达率要小于 6。因此，洗车点的到达率实际为

$$\lambda = 6(1 - p(7)) = 5.8782$$

车辆在洗车点的期望逗留时间 W_s 为

$$W_s = \frac{L}{6(1 - p(7))} = 0.3092$$

洗车点上临时等待队列上的车辆期望数量为

$$L_q = \sum_{i=3}^{7}(i-2)\cdot p(i) = 0.6002$$

在临时停车位上的期望等待时间W_q为

$$W_q = \frac{L_q}{6(1-p(7))} = 0.1021$$

4. 讨论

如果这是一个实际中的排队系统，增加洗车机的数量，洗车点上临时等待队列上的车辆期望数量未必会像解析方法得到的结果那样减少；如果减少洗车机的数量，按照解析的分析方法，洗车点上临时等待队列上的车辆期望数量应该会增加，但是在实际中也未必。因为在现实中会有规模效应，越是同类服务集中的地方，顾客往往越多。在排队系统优化分析研究中，应该怎么计入规模效应产生的影响？

7.5　排队系统仿真

解析分析虽然能够得到一些有益的结果，但是能够考虑到的复杂现实因素有限。而使用仿真的方法则可以大大节省建模及分析的工作量，且对排队系统的众多要素对接得也更为精细，这些复杂的要素包括顾客源、顾客到达时间间隔分布、服务时间分布、多服务台及多服务台网络、顾客在排队系统中的移动行为等。

这里仅仅给出一个基于 SIMIO 的简要版火车站验票安检排队的例子，以帮助理解一些仿真中的基本概念和流程。

7.5.1　问题描述

由于在高峰期某火车站的人流量比较大，因此专门设计了弓形的排队通道，分别进行验票和安检，如图 7-5 所示。

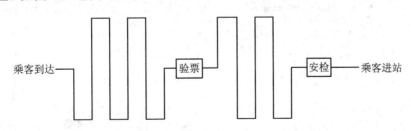

图 7-5　火车站弓形排队通道及验票安检结构图

假设乘客按照指数分布到达，平均到达间隔为 0.2 分钟，乘客进站验票的时间用三角分布来模拟，最小是 0.1 分钟，最可能值 0.2 分钟，最大是 0.5 分钟。进站后接受安检的时间服从三角分布，最小是 0.3 分钟，最可能值 0.4 分钟，最大是 0.6 分钟。验票和安检均是基于先到先服务的规则。

7.5.2　仿真想定

仿真优化范式以直观、面向对象的数据组织等特点，大大方便了对复杂系统的建模、计算及分析。下面我们在 SIMIO 中建立验票安检问题的仿真想定。

步骤 1：在 SIMIO 中，我们创建一个新工程，在"Standard Library"面板上拖动一个 Source 对象，两个 Server 对象，一个 Sink 对象到工作区中，并使用 Path 连接从前至后连接三者，在 Source 对象和第一个 Server 之间连接的时候，创建一种类似火车站进站口在春运高峰等时刻会见到的弓形排队通道，可以看到 Source 对象自动命名为 Source1，两个 Server 对象自动命名为 Server1 和 Server2，Sink 对象自动命名为 Sink1，如图 7-6 所示。

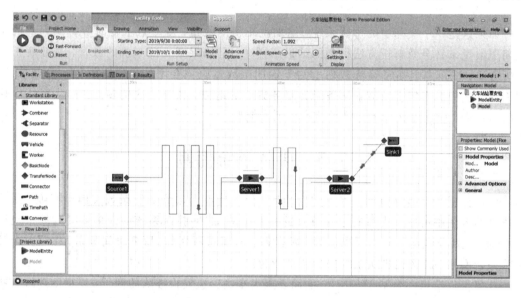

图 7-6 利用 SIMIO 建立简单的火车站检票及安检排队模型

步骤 2：将四个对象的名称分别修改为"CustomerArrive""TicketCheck""SecurityCheck""Depart"，如图 7-7 所示。

步骤 3：设定对象的属性，如表 7-2 所示。

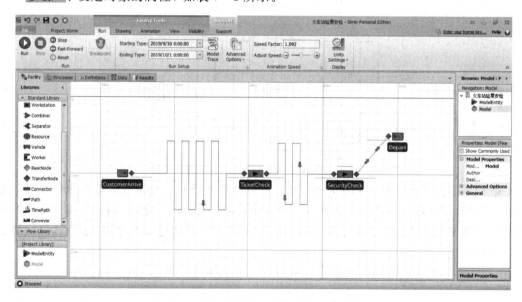

图 7-7 更改 SIMIO 仿真想定中对象的名字

表 7 - 2   SIMIO 仿真实例对象属性设置

对象名称	属 性	值	单 位
CustomerArrive	Entity Arrival Logic 下的 Interarrival Time	Random. Exponential(0. 2)	Minutes
	Entities Per Arrival	1	
TicketCheck	Process Logic 下的 Processing Time	Random. Triangular(0. 1，0. 2，0. 5)	Minutes
	Process Logic 下的 Ranking Rule	First In First Out	
SecurityCheck	Process Logic 下的 Processing Time	Random. Triangular(0. 3，0. 4，0. 6)	Minutes
	Process Logic 下的 Ranking Rule	First In First Out	

"CustomerArrive"是仿真中的乘客源，用于按照指定的到达时间间隔产生乘客，虽然在现实中有些乘客是一起到达的，但是在检票口及安检口，乘客都是单个通过的，因此，可以认为满足同一时刻最多只有一个乘客到达或者离开，因此设置参数"Entities Per Arrival"的值为 1。

步骤 4：在 Run 导航工具栏设置仿真运行的参数，关键的包括仿真开始时间"Starting Type"，仿真结束时间"Ending Type"，以及仿真运行的速率"Speed Factor"。

所谓仿真运行的速率是指仿真系统中时间推进速度与自然时间推进速度的比率，可以通过设置这个参数加快或者减慢仿真系统推进的速度，类似于视频播放中的播放倍速。

至此，简要版验票安检问题的仿真想定就已经在 SIMIO 中配置完毕。

7.5.3 仿真运行

有了仿真想定作为输入，仿真系统在时间轴上进行步进的推演计算，并可将计算得到的数据通过 2D 或者 3D 的形式显示出来。

步骤 1：在 7.5.2 节建立基本想定的基础上，单击 Run 工具条中的 Run 按钮，让仿真运行，停止运行后或者在中途单击暂停按钮后，我们可以在工作区的 Results 分页中查看仿真的统计数据，如图 7 - 8 所示。

根据此次仿真运行的统计结果，系统中的平均乘客数为

$$\overline{L} = 16.9062$$

乘客的平均逗留时间为

$$\overline{W} = 0.0683 \times 60 = 4.098(分钟)$$

乘客的平均到达率为每分钟

$$\lambda = \frac{1}{0.2} = 5$$

163

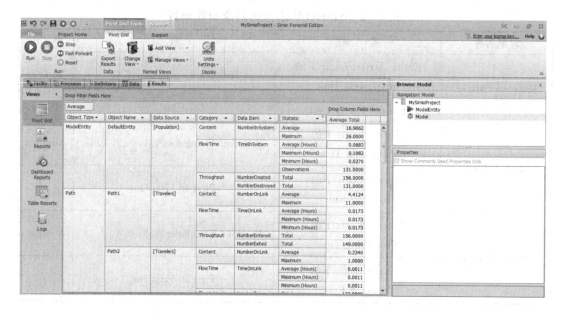

图 7-8　SIMIO 仿真实例运行的一个结果

因此有

$$\lambda \overline{W} = 20.49 \neq \overline{L}$$

这并不是说明 Little 定律不成立了，而是因为这个仿真系统运行的时间还不够长，系统中的平均队长以及乘客平均逗留时间还没有达到稳定状态。Little 定律适用的是稳态下排队系统的统计参数，也就是仿真运行的时间要足够长，依据"大数定律"我们很容易理解这一点。

7.5.4　仿真优化

仿真的目的是排队系统性能的评估，建立排队系统配置与性能之间的映射关系，以利于排队系统的优化，在这个例子中，我们可以通过合理的增加验票台的数量、安检台的数量以及合理调整排队通道构造的方式，优化排队系统的性能。虽然我们能够知道，验票安检台的数量越多，乘客在系统中逗留的时间越短，体验越好，但是受限于空间的限制以及节省资源经费的需求，需要对不同配置的系统性能进行一个有效的度量。这就需要制作不同配置的仿真想定，使用仿真系统计算排队系统的性能参数，如乘客逗留时间、验票台安检台空闲的比率、验票安检台的数量等。对于方案空间比较少的排队系统优化，我们可以通过针对所有的可行的排队系统配置制作仿真想定，但是对于验证空间非常大的问题来讲，一般不太现实，这就需要优化选择一部分仿真想定进行仿真实验。

仿真实验可以定义为对仿真模型的输入变量进行有意义的变化，从而观察和识别输出变量变化原因的测试或一系列测试。当输入变量数量较大且仿真模型复杂时，仿真实验可能会变得很困难。除了计算成本高外，选择次优输入变量值的代价更高。在不显示评估每种可能性的情况下，从所有可能性中寻找最佳输入变量值的过程就是仿真优化。

因此，仿真优化可以定义为在评估每种可能值的情况下，从所有可能值中寻找最佳输入变量值的过程。仿真优化的目标是使仿真实验所获得的信息最大化的同时，使所消耗的资源最小化。

7.6　排队系统的多目标优化

不同复杂程度的排队系统类型的决策变量并不相同，例如，对于 M/M/S/∞/∞/FCFS 排队系统，其决策变量可能仅需要考虑服务台数量，而对于复杂一些的排队系统，如 7.5 节的火车站验票安检排队系统，决策变量可能包括服务台数量及位置、排队通道的构造、排队的规则等。

排队系统优化的一般目的是使用最少的服务资源提供最好的服务，然而这是两个相互矛盾的目标，因此要建立多目标优化模型。

一方面，顾客希望在系统中逗留的时间越短越好，尤其是当逗留时间不断增加的时候，顾客有可能会因为不耐烦而离开，或者顾客根本就不会来，影响了顾客源的到达率，这都会造成机会成本的增加，因此要降低系统中顾客期望的逗留时间，即

$$\min z_1 = W$$

另一方面，排队系统中服务台以及排队通道的构造和运营是需要费用的，总费用越低越好，即

$$\min z_2 = \sum_{i=1}^{N_s} c_i^s + \sum_{i=1}^{N_q} c_i^q$$

其中，c_i^s 是第 i 个服务台的总费用，N_s 是服务台的总数量，c_i^q 是第 i 个排队通道的总费用，N_q 是排队通道的总费用，排队通道的运营费用与所占场地的使用代价等有关。

对于 M/M/S/∞/∞/FCFS 这种简单的排队系统，不同的服务台数量下，两个目标函数可以解析得到，但是对于复杂一些的，例如，火车站的验票安检排队，要根据不同的服务台数量及位置、排队通道的构造、排队的规则计算目标函数，没有办法构造明确的解析公式，只能通过仿真实验的方法，建立决策变量和目标函数之间的映射关系。

对于多目标优化问题，决策变量和目标函数之间的映射关系建立之后，由于目标之间的矛盾性，可能不存在绝对的最优解，下面通过介绍几个基本概念来说明排队系统优化设置的基本思路。

劣解：对于多目标优化问题的一个解 x 来说，如果能找到另外一个解 y，使在所有目标函数度量下，x 都比 y 差，那么这个解 x 称为多目标优化问题的劣解。

非劣解（也称帕累托解）：对于多目标优化问题的一个解 x 来说，如果不能找到另外一个解 y，使在所有目标函数度量下，x 都比 y 差，那么这个解 x 称为多目标优化问题的劣解。

可以肯定地说，劣解肯定不是我们需要考虑的对象。非劣解才是我们要进一步考虑的对象，但是非劣解可能有很多个，例如，在一般的排队系统中，增加服务台的数量都会降低系统顾客的逗留时间，这就产生了两个非劣解，非劣解不会在所有方面都比另外一个解差。

如果要选择一个解作为最终的方案，还需要对非劣解做进一步的评估，方法包括加权求和、字典顺序法等。

习 题 7

1. (基本题)某餐厅提供一台单车道免下车点餐窗口。汽车到达时间间隔服从指数分布,平均每小时到达 30 辆。每辆车完成点餐取餐业务所需要的时间服从平均值为 6 分钟的指数分布。车道总共可容纳 10 辆车,一旦车道占满,其他车辆就要去另一个餐厅寻求服务。求以下各值:

(1) 一辆车到来时由于车道占满而不能点餐取餐的概率。

(2) 一辆车到来后不能立即点餐的概率。

(3) 车道中车辆数量的平均值。

2. (基本题)为了缓解交通压力,市城市规划考虑是否扩建一条马路,已知该路口汽车到达速率服从参数为 $\lambda = 0.1493$ 的负指数分布,汽车通过速率服从参数 $\mu = 0.1587$ 的负指数分布,若汽车通过该路口的平均等待时间小于 1.5 分钟,且汽车的等待队列长度小于 20 则不需要扩建该路口,那么该路口是否需要扩建?

3. (基本题)某理发店只有 1 名理发师,因此只能每次服务一名顾客,店内为等待的顾客提供三把椅子休息。假如这些椅子都被坐满,顾客就会到其他理发店。顾客的到达时间间隔服从指数分布,平均 4 人/小时。每名顾客理发的时间服从平均值为 15 分钟的指数分布。求下列各值:

(1) 店中顾客数的期望值。

(2) 由于椅子坐满而使顾客到其他理发店的概率。

4. (基本题)某超市有 3 个收银台,经理根据经验得到了表 7 - 3。

表 7 - 3 店内顾客数与使用收银台之间的关系

店内顾客数	使用的收银台数
1～3	1
4～6	2
6 人以上	3

顾客到达时间服从指数分布,平均 10 人/小时,顾客的平均收款时间服从指数分布,平均值为 12 分钟。

若 3 个收银台总是开放的,运作方式是顾客将去第一个空闲的收银台,求下列各值:

(1) 所有 3 个收银台都在使用的概率。

(2) 一个顾客到达不用等待的概率。

5. (基础题)某自助洗车点有 3 台自助洗车设备,经过较长时间的运营统计发现,一辆车的自助清洗时间服从指数分布,平均值为 20 分钟。路边有 8 个临时停车位可供排队,因为有监控的存在,不会有司机违章停车,也就是排队的队列长度不会大于 8。假定车辆到达时间间隔服从指数分布,平均每小时 10 辆车。请完成以下工作。

(1) 请画出这个问题的生灭过程图。

(2) 请列出平衡方程。

（3）请给出概率的表达公式。

（4）请计算停车场的平均车辆数。

（5）请计算有效到达率。

（6）请计算车辆的平均等待时间。

（7）请计算车辆到达停车场找不到停车位的概率。

6.（提高题）某洗车店只有一个洗车位。车辆到达时间间隔服从指数分布，平均每小时4 辆车，如果清洗位忙，则到达的车辆需要在洗车店停车场等待。一辆车的清洗时间服从指数分布，平均值为 10 分钟。不能进停车场的车辆只能在路旁等待，有被交警驱离或罚款的风险。洗车店老板想要确定至少需建设多少个停车位可以保证来店的 90% 以上车辆都能停到停车位上。

第8章 库存优化

8.1 库存系统

大多从事产品制造、贸易、销售和修理的单位都不可避免地持有一系列实物资产的库存，以协助将来的利用和销售。一般而言，库存系统模型如图8-1所示。

图8-1 库存系统模型

图8-1中：一端为输入，代表进货，会导致库存实物资产数量的上升；另一端为输出，代表出货，会导致库存实物资产数量的下降。

库存优化就是寻找最优的进货策略（进货时间、进货量），以使库存系统的总费用最低。库存管理的总费用包括进货成本、持有成本、短缺代价等。

（1）进货成本包括实物资产本身的购买成本（实物资产单价可能会随着订单大小的变化而变化）和固定费用（如手续费、派人外出采购、包装和运输费用等）。

（2）持有成本需要考虑的因素包括资金的占用、空间的占用、实物资产的防护保险等产生的费用、实物资产折旧等。

（3）出货产生的费用一般只考虑短缺代价，也就是由于实物资产短缺不能满足需求而导致丧失订单或者停产等带来的机会损失。

例如，蛋糕师需要决定面粉和糖等原材料的进货策略，以使库存总费用最低。如果储存的面粉和糖等原材料不够，就会导致无法制作足够的蛋糕以满足需求，从而产生机会损失。如果储存了太多的面粉和糖等原材料，而蛋糕的销量相对较少，面粉和糖等原材料就可能会变质，从而产生经济损失，并且空间和资金的占用等也会导致成本的增加。

进货策略就是要决定什么时间进多少货物。常见的进货策略有以下三种：

（1）周期性补充策略，即每隔固定的时间进货一次，进货的数量固定。

（2）库存阈值策略，即持续地检查库存数量，每当库存数量达到某个阈值的时候进货一次，进货的数量要使库存达到某个固定值。

（3）混合策略，即周期性地检查库存数量，每当库存数量达到某个阈值的时候进货一次，进货的数量要使库存达到某个固定值。

8.2 经典 EOQ

定义 8-1 经济订货数量（Economic Order Quantity，EOQ）是库存系统进货时应该在每笔订单中订购货物的数量，这个数量使周期性补充策略的库存系统的总费用最小。

经典 EOQ 对库存系统的假设如下：

（1）每次当库存水平达到特定的重新订购点 b 时，进货数量固定为 Q，进货过程是没有时延的；

（2）出货速率 v 是固定的，也就是库存以固定的速度消耗；

（3）单位数量的货物单位时间的持有成本为 c_1；

（4）单位数量的货物的价格为 c_2；

（5）每次订购都会产生一个固定费用 c_3。

经典 EOQ 总费用包括库进货成本和持有成本，一次订购量 Q 过大会增加持有成本，而 Q 过小则会增加进货成本。

根据假设可得进货周期为

$$\tau = \frac{Q}{v}$$

则库存货物数量的变化如图 8-2 所示。

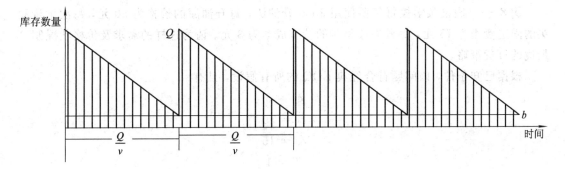

图 8-2 经典 EOQ 模型的库存数量变化曲线

设在时刻 t，库存数量为 $y(t)$，则 n 个周期内，也即时间 $T=n\tau$ 内，库存的持有成本为

$$C_1 = \int_0^T c_1 y(t)\mathrm{d}t = c_1 \int_0^T y(t)\mathrm{d}t = c_1 S$$

其中，S 为库存货物数量曲线与时间轴之间图形的面积，且有

$$S = \frac{QT}{2} + bT$$

因此有

$$C_1 = c_1 T\left(\frac{Q}{2} + b\right)$$

在时间 T 内，库存的订购费用为

$$C_2 = c_2 nQ + n c_3 = c_2 \frac{T}{\tau}Q + \frac{T}{\tau}c_3 = c_2 Tv + \frac{T}{Q}v c_3$$

因此，在时间 T 内，库存的总费用为

$$z = C_1 + C_2 = c_1 T\left(\frac{Q}{2} + b\right) + c_2 Tv + \frac{T}{Q}v c_3$$

库存优化的目标函数为

$$\min z = c_1 T\left(\frac{Q}{2}+b\right)+c_2 Tv + \frac{T}{Q}v c_3$$

等价于

$$\min z = c_1 \frac{Q}{2} + c_3 \frac{v}{Q}$$

为了求解函数的极值，对 z 求导数并令导数为 0，即

$$\frac{\mathrm{d}z}{\mathrm{d}Q} = \frac{1}{2}c_1 - c_3 \frac{v}{Q^2} = 0$$

可得

$$Q^* = \sqrt{C_3 \frac{2V}{C_1}}$$

由于

$$\left.\frac{\mathrm{d}^2 z}{\mathrm{d}Q^2}\right|_{Q=Q^*} > 0$$

因此 Q^* 即为总费用 z 的最小值。

例 8 - 1 假设某学校每年要使用 3500 升油漆，每升油漆的价格为 50 元，每次批量购买的固定费用为 15 元，每升油漆每年的持有成本为 3 元。请为这样的需求及价格状况制订最优的订货策略。

根据已知条件，该问题符合经典 EOQ 的所有假设，且有

$$c_1 = 3$$
$$c_2 = 50$$
$$c_3 = 15$$
$$T = 1$$
$$v = 3500$$

因此，最优订货量为

$$Q^* = \sqrt{C_3 \frac{2V}{C_1}} \approx 187$$

订货周期为

$$\tau = \frac{Q^*}{v} = \frac{187}{3500}（年）$$

约为 19.5 天订购一次。

8.3 分段价格 EOQ

"量大从优"是市场经济下很常见的现象。在经典 EOQ 的基础上，我们考虑针对不同订货量有不同单位商品价格的分段价格 EOQ 问题。分段价格 EOQ 与经典 EOQ 唯一的不同在于单位商品的进货价格不再为常数，而是一个订货量 Q 的函数 $c_2(Q)$。

分段价格 EOQ 问题的假设如下：

（1）每次当库存水平达到特定的重新订购点 b 时，进货数量固定为 Q，进货过程是没有

时延的；

（2）出货速率 v 是固定的，也就是库存以固定的速度消耗；

（3）单位数量的货物单位时间的持有成本为 c_1；

（4）单位数量的货物的价格为 $c_2(Q)$，是订货量 Q 的分段函数；

（5）每次订购都会产生一个固定费用 c_3。

类似于经典 EOQ 模型，分段价格 EOQ 问题库存优化的目标函数为

$$\min z = c_1 T\left(\frac{Q}{2} + b\right) + c_2(Q)Tv + \frac{T}{Q}vc_3$$

不失一般性，令

$$c_2(Q) = \begin{cases} a_1, & Q \in [1, n_1] \\ a_2, & Q \in [n_1 + 1, n_2] \\ \vdots \\ a_m, & Q \in [n_m + 1, n] \end{cases}$$

则

$$z = \begin{cases} c_1 T\left(\frac{Q}{2} + b\right) + a_1 Tv + \frac{T}{Q}vc_3, & Q \in [1, n_1] \\ c_1 T\left(\frac{Q}{2} + b\right) + a_2 Tv + \frac{T}{Q}vc_3, & Q \in [n_1 + 1, n_2] \\ \vdots \\ c_1 T\left(\frac{Q}{2} + b\right) + a_m Tv + \frac{T}{Q}vc_3, & Q \in [n_m + 1, n] \end{cases}$$

对分段函数 z 求极值即可。

例 8-2 设某学校每年要使用 3500 升油漆，每次订货 300 升以上每升价格为 45 元，否则为 50 元，每次批量购买的固定费用为 15 元，每升油漆每年的持有成本为 3 元。请为这样的需求及价格状况制订最优的订货策略。

根据已知条件，分段价格为

$$c_2(Q) = \begin{cases} 45, & Q \geqslant 300 \\ 50, & Q < 300 \end{cases}$$

所以库存总费用为

$$z = \begin{cases} 1.5Q + \dfrac{52\,500}{Q} + 157\,500, & Q \geqslant 300 \\ 1.5Q + \dfrac{52\,500}{Q} + 175\,000, & Q < 300 \end{cases}$$

当 $Q < 300$ 时，

$$Q_1^* = \sqrt{\frac{525\,000}{1.5}} \approx 187$$

$$z_1 = 175\,561.2$$

当 $Q \geqslant 300$ 时，因为

$$\frac{\mathrm{d}z}{\mathrm{d}Q} = 1.5 - \frac{525\,000}{Q^2} \leqslant 0$$

所以

$$Q_2^* = 300$$

$$z_2 = 158\ 125$$

从而

$$\min z = \min\{z_1,\ z_2\} = 158\ 125$$

最优订货量为

$$Q^* = Q_2^* = 300$$

订货周期为

$$\tau = \frac{Q^*}{v} = \frac{300}{3500}\ （年）$$

约为 31.2 天订购一次。

8.4　带有储存上限的多种货物 EOQ

当经典 EOQ 和分段价格 EOQ 用于求解多个货物的最优库存策略时，如果多个货物相互之间没有关联，则只需分别求解。现在考虑一种有关联的情况，也就是多个货物存放到一个仓库里，而仓库的容积是有限的，这也是一种很常见的情形。

带有储存上限的多货物 EOQ 问题的假设如下：

（1）每次当货物 i 库存水平达到特定的重新订购点 b_i 时，进货数量固定为 Q_i，进货过程是没有时延的；

（2）货物 i 的出货速率 v_i 是固定的，也就是库存以固定的速度消耗；

（3）单位数量的货物 i 单位时间的持有成本为 c_{i1}；

（4）单位数量的货物 i 的价格为 c_{i2}；

（5）每次订购货物 i 都会产生一个固定费用 c_{i3}；

（6）单位货物 i 占用仓库容积为 s_i，仓库的总容积为 S。

类似于经典 EOQ，可以得到库存系统的总费用为

$$z = \sum_{i=1}^{n} \left[c_{i1} T \left(\frac{Q_i}{2} + b_i \right) + c_{i2} T v_i + \frac{T}{Q_i} v_i c_{i3} \right]$$

其中，n 为货物的种类数量。

因此，库存优化目标函数为

$$\min z = \sum_{i=1}^{n} \left[c_{i1} T \left(\frac{Q_i}{2} + b_i \right) + c_{i2} T v_i + \frac{T}{Q_i} v_i c_{i3} \right]$$

假设第 i 种物品占用仓库的最大容积为 $s_i Q_i$，则带有储存上限的多种货物 EOQ 问题的约束为

$$\sum_{i=1}^{n} s_i Q_i \leqslant S$$

因此，可得带有储存上限的多种货物 EOQ 模型如下：

$$\min z = \sum_{i=1}^{n} \left(\frac{1}{2} c_{i1} Q_i + \frac{v_i c_{i3}}{Q_i} \right)$$

$$\sum_{i=1}^{n} s_i Q_i \leqslant S$$
$$Q_i \geqslant 0$$

这是一个带约束的非线性规划模型。

例 8-3 假设要确定三种货物的最优库存策略，仓库的最大可用面积为 150 平方米，其他参数如表 8-1 所示。

表 8-1 三种货物的参数

参 数	货物 1	货物 2	货物 3
单个货物占用面积 s_1/平方米	1	1.2	2
货物的需求率 v_i/天	5	3	3
单位货物单位时间的存储费用 c_1/万元	0.1	0.3	0.5
货物单价 c_3/万元	10	20	25

代入相关参数，得到数学模型：

$$\min z = \sum_{i=1}^{n} \left(\frac{1}{2} c_{i1} Q_i + \frac{v_i c_{i3}}{Q_i} \right) = 0.05 Q_1 + \frac{50}{Q_1} + 0.15 Q_2 + \frac{60}{Q_2} + 0.25 Q_3 + \frac{75}{Q_3}$$
$$Q_1 + 1.2 Q_2 + 2 Q_3 \leqslant 150$$
$$Q_i \geqslant 0$$

这是一个带约束的非线性规划模型，可以使用 Excel 的规划工具求解。图 8-3 给出了所用的公式和 Excel 规划求解的参数。注意决策变量必须要给出一个非零的初始值，因为目标函数中决策变量出现在分母中。

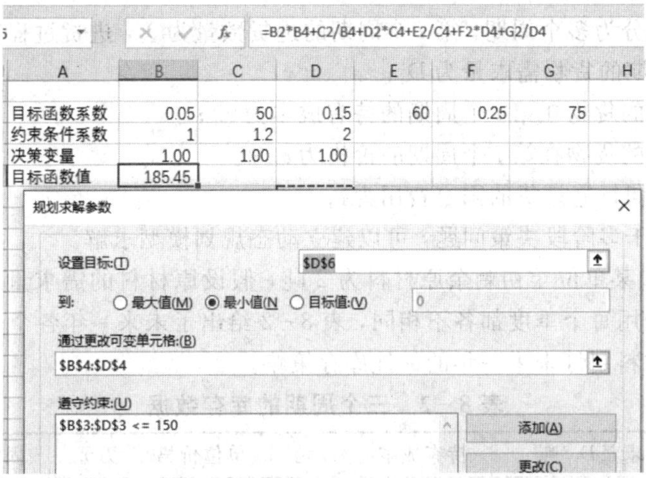

图 8-3 例 8-3 的 Excel 规划求解

Excel 求解得到的最优解如图 8-4 所示。因此，三种货物的订货周期分别为

$$\tau_1 = \frac{Q_1^*}{v_1} = \frac{31.62}{5} \text{（天）}$$

$$\tau_2 = \frac{Q_2^*}{v_2} = \frac{20}{3} \text{（天）}$$

$$\tau_3 = \frac{Q_3^*}{v_3} = \frac{17.32}{3} \text{（天）}$$

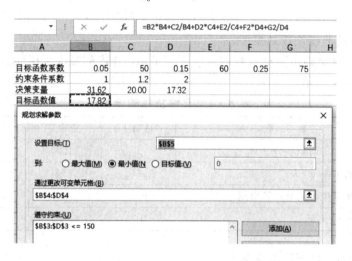

图 8-4   例 8-3 的 Excel 规划求解得到的最优解

8.5   动态 EOQ

动态 EOQ 属于多阶段库存优化问题，每个阶段的需求、持有成本、固定费用等可能各不相同，需要在这种情况下寻找最优的库存策略。

动态 EOQ 问题的假设如下：

（1）库存优化分为多个周期，第 i 个周期的进货数量为 Q_i，进货过程是没有时延的；

（2）第 i 个周期的货物需求量为 D_i；

（3）单位数量的货物在第 i 个周期的持有成本为 c_{i1}；

（4）单位数量的货物在第 i 个周期的价格为 c_{i2}；

（5）第 i 个周期每笔订货的固定费用为 c_{i3}。

动态 EOQ 属于多阶段决策问题，可以建立动态规划模型求解。

例 8-4   已知某单位年初剩余原材料为 2 吨，假设原材料的需求量、持有成本、价格以及进货的固定费用每个季度都各不相同，表 8-2 给出了未来一年各个季度的数据，请为其生产使用的原材料制订未来一年的最优库存策略。

表 8-2   三个周期的库存数据

季度 i	需求量 D_i/吨	持有成本 c_{i1}/万元	单位价格 c_{i2}/万元	固定费用 c_{i3}/万元
1	2	3	20	6
2	2	2	20	5
3	1	2	20	3
4	1	2	30	5

由于总的货物的购买成本是常数，因此在规划的时候可以不予考虑。

将库存数量作为模型的状态，增加一个虚拟的起始状态和一个虚拟的结束状态，中间每个阶段考虑一个季度的库存，将问题分成 5 个阶段。

第 1 阶段：年初剩余原材料的数量为 2 吨，因此第 1 阶段的状态 $x_1 = 2$。

第 2 阶段：将第 1 阶段的状态作为起始状态，其对应的决策（进货数量）、到达状态（库存数量）及行动成本（持有成本＋固定费用）如表 8-3 所示。假设每个季度的货物的需求在本季度不计算持有成本。

表 8-3　第 2 阶段的状态对应的决策、到达状态及行动成本

起始状态	决策	到达状态	行动成本	
			持有成本	固定费用
期初库存 $x_1 = 2$ 本季度需求量 2	进货数量 $\mu_1 = 0$	$x_2 = 0$	0	0
	进货数量 $\mu_2 = 1$	$x_3 = 1$	3	6
	进货数量 $\mu_3 = 2$	$x_4 = 2$	6	6
	进货数量 $\mu_4 = 3$	$x_5 = 3$	9	6
	进货数量 $\mu_5 = 4$	$x_6 = 4$	12	6

第 3 阶段：将第 2 阶段的状态作为起始状态，其对应的决策（进货数量）、到达状态（库存数量）及行动成本（持有成本＋固定费用）如表 8-4 所示。假设每个季度的货物的需求在本季度不计算持有成本。

表 8-4　第 3 阶段的状态对应的决策、到达状态及行动成本

起始状态	决策	到达状态	行动成本	
			持有成本	固定费用
期初库存 $x_2 = 0$ 本季度需求量 2	进货数量 $\mu_6 = 2$	$x_7 = 0$	0	5
	进货数量 $\mu_7 = 3$	$x_8 = 1$	2	5
	进货数量 $\mu_8 = 4$	$x_9 = 2$	4	5
期初库存 $x_3 = 1$ 本季度需求量 2	进货数量 $\mu_9 = 1$	$x_7 = 0$	0	5
	进货数量 $\mu_{10} = 2$	$x_8 = 1$	2	5
	进货数量 $\mu_{11} = 3$	$x_9 = 2$	4	5
期初库存 $x_4 = 2$ 本季度需求量 2	进货数量 $\mu_{12} = 0$	$x_7 = 0$	0	0
	进货数量 $\mu_{13} = 1$	$x_8 = 1$	2	5
	进货数量 $\mu_{14} = 2$	$x_9 = 2$	4	5
期初库存 $x_5 = 3$ 本季度需求量 2	进货数量 $\mu_{15} = 0$	$x_8 = 1$	2	5
	进货数量 $\mu_{16} = 1$	$x_9 = 2$	4	5
期初库存 $x_6 = 4$ 本季度需求量 2	进货数量 $\mu_{17} = 0$	$x_8 = 1$	2	0

第 4 阶段：将第 3 阶段的状态作为起始状态，其对应的决策（进货数量）、到达状态（库存数量）及行动成本（持有成本＋固定费用）如表 8-5 所示。假设每个季度的货物的需求在

本季度不计算持有成本。

表 8 - 5   第 4 阶段的状态对应的决策、到达状态及行动成本

起始状态	决策	到达状态	行动成本	
			持有成本	固定费用
期初库存$x_7=0$ 本季度需求量1	进货数量$\mu_{18}=1$	$x_{10}=0$	0	3
	进货数量$\mu_{19}=2$	$x_{11}=1$	2	3
期初库存$x_8=1$ 本季度需求量1	进货数量$\mu_{20}=0$	$x_{10}=0$	0	0
	进货数量$\mu_{21}=1$	$x_{11}=1$	2	3
期初库存$x_9=2$ 本季度需求量1	进货数量$\mu_{22}=0$	$x_{11}=1$	2	0

第 5 阶段：将第 4 阶段的状态作为起始状态，其对应的决策(进货数量)、到达状态(库存数量)及行动成本(持有成本＋固定费用)如表 8 - 6 所示。假设每个季度的货物的需求在本季度不计算持有成本。

表 8 - 6   第 5 阶段的状态对应的决策、到达状态及行动成本

起始状态	决策	到达状态	行动成本	
			持有成本	固定费用
期初库存$x_{10}=0$ 本季度需求量1	进货数量$\mu_{23}=1$	$x_{12}=0$	0	5
期初库存$x_{11}=1$ 本季度需求量1	进货数量$\mu_{24}=0$	$x_{12}=0$	0	0

通过以上分析，可以得到本问题的动态规划图模型，如图 8 - 5 所示，其中没有标号的边的权重可以根据以上分析数据中的两个对应状态之间的持有成本和固定成本相加得到。

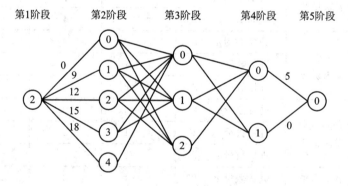

图 8 - 5   动态规划的图模型

习 题 8

1.(基本题)大学校园计划更换一些宣传灯箱的霓虹灯管，根据物业的人力情况，每天可更换 50 个灯管。灯管由工厂定期发货。假定发出一份采购订单的订购费用为 1000 元，在仓库里存放一个霓虹灯管的费用大约为每天 0.2 元，从订货到收货的时间为 12 天。请给出这批霓虹灯管订货的最佳库存策略。

2. (基本题)某地靠近湖泊，当地人非常喜欢钓鱼。因天气原因，每年 12 月份人们对鱼竿的需求量最小，每年 4 月份对鱼竿的需求量最大。渔具商店预测，12 月份的需求量为 500 支，随后每个月增加 100 支，到 4 月份达到 900 支。除了从 2 月份到 4 月份的高峰需求月份以外，普通月份一个批量的订货费为 25 000 元，而高峰月份的订货费增加到 30 000 元。每支鱼竿的购置费用大约是 150 元，全年不变，而每支竿每月的存储费用为 10 元。该渔具商店正在制订下一年度(1～12 月份)鱼竿订货计划。商店经理认为，渔具属季节性商品，因此不允许缺货。

(1) 试为该渔具商店制订一份下一年度的订货方案。

(2) 如果鱼竿的订货数量超过 2500 支，厂家将给予优惠，每支鱼竿的采购费可降至 120 元。那么，是否利用此项优惠。如果利用，全年的订货方案将如何改变？

3. (基本题)某公司向附近 200 多家超市配送货品，该公司负责人为减少存储费用，选择对某品牌的方便面进行调研。调研结果如下：

(1) 方便面每周需求量为 3000 箱。

(2) 每箱方便面一年的存储费为 6 元，其中包括贷款利息 3.6 元，仓库费用、保险费用、损耗费用、管理费用等 2.4 元。

(3) 每次订货费为 25 元，其中包括批发公司支付采购人员劳务费 12 元，支付手续费、电话费、交通费等 13 元。

(4) 方便面每箱价格为 30 元。

请为该公司制订一个最优的库存策略。

4. (提高题)某服装厂未来五个季度可采用正常生产、加班生产或转包生产三种不同方式满足客户需求。该厂只有在加班生产的情况下才采用转包生产方式。具体供应量与需求量如表 8-7 所示。

表 8-7 供应量与需求量

季度	正常生产	加班生产	转包生产	需求量
1	200	100	60	306
2	80	120	160	400
3	180	160	140	300
4	120	100	40	400
5	140	100	200	406

每个季度三种不同生产方式的单件产品生产成本分别是 20 元、30 元、35 元。每个周期的单位存储费用为 2.5 元，请求出最优解。

第9章 旅行商问题

9.1 TSP 的构造启发式算法

旅行商问题(Traveling Salesman Problem，TSP)是这样一个问题：给定一系列城市和每对城市之间的距离，求解访问每一座城市一次并回到起始城市的最短回路。TSP 是运筹学中目前研究最为广泛的问题之一，但对于一般情况，还没有有效的解决方法。虽然 TSP 的复杂性未知，但 60 多年来，其求解方法在不断改进。表 9-1 显示了 TSP 问题的求解记录。

表 9-1 旅行商问题的求解记录

年份	研究团队	问题规模
1954	G. Dantzig、R. Fulkerson 和 S. Johnson	49
1971	M. Held 和 R. M. Karp	64
1975	P. M. Camerini、L. Fratta 和 F. Maffioli	67
1977	M. Grötschel	120
1980	H. Crowder 和 M. W. Padberg	318
1987	M. Padberg 和 G. Rinaldi	532
1987	M. Grötschel 和 O. Holland	666
1987	M. Padberg 和 G. Rinaldi	2392
1994	D. Applegate、R. Bixby、V. Chvátal 和 W. Cook	7397
1998	D. Applegate、R. Bixby、V. Chvátal 和 W. Cook	13 509
2001	D. Applegate、R. Bixby、V. Chvátal 和 W. Cook	15 112
2004	D. Applegate、R. Bixby、V. Chvátal、W. Cook 和 K. Helsgaun	24 978
2006	Cook	85 900

2006 年，Cook 及其团队计算了一个由微芯片布局问题给出的 85 900 个城市实例的最优 TSP，该问题是目前最大的已解决 TSPLIB 实例。对于数百万城市的许多其他情况，可以找到保证在最佳 TSP 2%～3%范围内的解决方案。遗憾的是，十几年了，TSP 仍然没有进一步的突破。

计算 n 个城市的不同旅行商路径的数量很容易：给定一个起始城市，我们有 $n-1$ 个选择用于第二个城市，$n-2$ 个选择用于第三个城市，等等，把它们相乘得到 $(n-1)!$。由于我们的旅行成本不依赖于旅行方向，因此把这个数字除以 2 得到 $(n-1)!/2$。这是一个非常大的数字。这也是大多数研究者认为 TSP 似乎很难求解的原因。的确，$(n-1)!/2$ 排除了逐个检查所有遍历的可能性，也有其他一些问题解的数量随着 n 的增长增加得很快却很容易解决(如最小生成树)。

9.2　线性规划模型

在图 $G=(V, E)$ 上，集合 V 中有 n 个点，要为旅行商寻找一条路径，通过所有的点，且总长度最短。令 $x_{ij}=1$ 代表边 (i, j) 在旅行商的路径上，$x_{ij}=0$ 代表边 (i, j) 不在旅行商的路径上，则 TSP 问题的数学规划模型如下：

$$\min z = \sum_{i \neq j} c_{ij} x_{ij} \tag{9-1}$$

$$\sum_{i=1}^{n} x_{ij} = 1, \; j = 1, \cdots, n \tag{9-2}$$

$$\sum_{j=1}^{n} x_{ij} = 1, \; i = 1, \cdots, n \tag{9-3}$$

$$\sum_{i \in S} \sum_{j \in V-S} x_{ij} \geqslant 1, \; S \subset V, \; 2 \leqslant |S| \leqslant n-2 \tag{9-4}$$

$$x_{ij} = 1, 0 \tag{9-5}$$

其中，式(9-1)代表旅行商路径总长度最短；式(9-2)和式(9-3)代表每个点仅经过一次；式(9-4)代表连通性约束，如果没有这个约束条件，旅行商路径可能会由若干独立的子旅行商路径组成，相互之间不连通。

此模型的决策变量有 $n(n-1)$ 个，式(9-2)和式(9-3)均有 n 个，连通性约束有 $2^{n}-2n-2$ 个，因此共有 $2^{n}-2$ 个约束条件，即使对于 $n=318$ 这样小规模的 TSP 问题，也有 $5.34\mathrm{e}+95$ 个约束条件，比宇宙中的原子数量还要多！

一般来讲，通过算法构建一条可行的旅行商路径并不困难，虽然一般情况下证明是最优的很困难。在这种情况下，我们不知道找到的路径是否是最优解，但是知道这个解还不错，因此可以称之为优化解，它可能是最优的，也可能不是，并且很多情况下，可以通过解的下界大概估计优化解的优化程度。

9.3　TSP 路径构造的贪婪启发式算法

TSP 路径构造的贪婪启发式算法通过构造的方法得到一条 TSP 路径，虽然不能保证该路径是最优的，但是一般情况下能够得到一个优化解。

TSP 路径构造的贪婪启发式算法主要包括最近邻算法、插入算法、Merger 算法等，下面分别进行介绍。

9.3.1　最近邻算法

所谓最近邻算法，就是从一个点开始逐步增加距离当前点最近的点构造出一个 TSP 路径。

最近邻算法的步骤如下：

步骤 1：从 TSP 的起点 $i \in V$ 开始，$N=1$，$P(N)=i$，记录当前点 $x=i$，$c_{xj}=M$，$j=1,\cdots,n$，其中，M 为较大的数，要大于任意两点之间的距离。

步骤 2：寻找距离当前点最近的点，
$$J = \mathrm{argmin}\{c_{xj} \mid j \in \{1,\cdots,n\}-x\}$$
将其作为 TSP 路径的下一个点，即
$$N = N+1$$
$$P(N) = J$$
$$x = J$$
$$c_{xj} = M, \quad j = 1,\cdots,n$$

步骤 3：如果所有的点均已加入路径中，也就是 $N=n$，则算法结束，否则转步骤 2。

最近邻算法的优点是实现起来比较简单，但是有贪婪算法的通病，即"只顾眼前，不顾长远"。但是正是因为其实现起来比较简单，所以可将其作为改进启发式算法的基础。

例 9-1 在 Matlab 上实现最近邻函数，并随机生成城市节点进行验证。

使用 Matlab 编写最近邻函数的代码如下：

```
function P = NearestNeighbor(C)
    N=1;
    P(N) = 1;
    x=1;
    C(:, 1)=inf;
    while N<=length(C)
    [val, J]=min(C(x, :))
    N=N+1;
    P(N) = J
    x=J;
    C(:, J)=inf;
    end
```

在平面上随机生成 30 个点，使用最近邻方法构造 TSP 路径的代码如下：

```
N=30;
X=rand(1, N);
Y=rand(1, N);
for i=1:N
    for j=1:N
        dx = X(i)-X(j);
        dy = Y(i)-Y(j);
        C(i, j) = sqrt(dx * dx+dy * dy);
    end
end
P = NearestNeighbor(C);
plot(X, Y, "o");
hold on;
```

line(X(P), Y(P));

进行 4 次实验，算法构造生成的 TSP 路径如图 9-1 所示。由图可见，虽然均不是最优解，但是比随机生成的 TSP 路径要好很多。

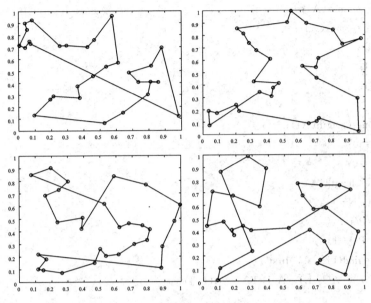

图 9-1 最近邻算法生成的几个 TSP 路径

9.3.2 插入算法

插入算法是从一个较小的圈开始，逐步将不在圈上的点插入圈上，直到扩充为一条 TSP 路径为止。

插入算法的步骤如下：

步骤 1：将距离最远的两个点构造为初始路径，即
$$\text{List} = V$$
$$[I, J] = \text{argmax}\{c_{ij} \mid i, j = 1, \cdots, n\}$$
令
$$P(1) = I, P(2) = J$$
$$\text{List} = \text{List} - \{I, J\}$$
$$N = 2$$

步骤 2：按照规则选择一个点 K 插入当前的路 P 中，插入位置按照以下规则选择：
$$[I] = \text{argmin}\{c_{P(i)K} + c_{KP(i+1)} - c_{P(i)P(i+1)} \mid i = 1, \cdots, N\}$$
将 K 插入路 P 上，令
$$P(I+2:N+1) = P(I+1:N)$$
$$P(I+1) = K$$
$$N = N+1$$
$$\text{List} = \text{List} - K$$
其中，$I+2:N+1$ 代表序列 $I+2, I+3, \cdots, N+1$。

步骤 3：如果 $N = n$，则算法停止，否则转步骤 2。

例 9 - 2 在 Matlab 上实现插入函数，并随机生成城市节点进行验证。

使用 Matlab 编写插入函数的代码如下：

```
function P = TSPInsertion(A)
[val, i] = max(A);
[val, J] = max(val);
I = i(J);
P(1)=I;
P(2)=J;
N=2;
List=ones(length(A));
List(I)=0;
List(J)=0;
while N<length(A)
for i=1: N-1
    I=P(i);
    J=P(i+1);
    K=find(List, 1, 'first');
    D(i) = A(I, K)+A(J, K) - A(I, J);
end
[val, I]=min(D);
P(I+2: (length(P)+1)) = P((I+1): length(P));
P(I+1)=K;
N=N+1;
List(K)=0;
end
P(N+1) = P(1);
```

在平面上随机生成 30 个点，使用插入算法构造 TSP 路径的代码如下：

```
N=30;
X=rand(1, N);
Y=rand(1, N);
for i=1: N
    for j=1: N
        dx = X(i)-X(j);
        dy = Y(i)-Y(j);
        C(i, j) = sqrt(dx * dx+dy * dy);
    end
end
P = TSPInsertion(C)
plot(X, Y, "o")
hold on;
line(X(P), Y(P));
```

进行 4 次实验，算法构造生成的 TSP 路径如图 9 - 2 所示。由图可见，生成的不是最优解，而是优化解。

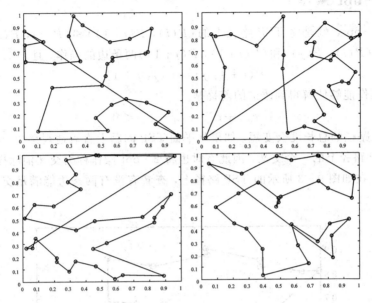

图 9 - 2　插入算法生成的几个 TSP 路径

9.3.3　Merger 算法

Merger 算法的基本思想是将一系列的子圈逐步合并为更大的圈，最后构成一个 TSP 路径。

Merger 算法的步骤如下：

步骤 1：将 n 个点看作 n 个子圈，$T=1:n$；$N=n$。

步骤 2：任意两个子圈 $t_i = \{j \mid T(j)=i; j=1, \cdots, n\}$ 和 $t_j = \{k \mid T(k)=j; k=1, \cdots, n\}$，$j>i$ 的距离定义为

$$d_{ij} = \mathrm{argmin}\{c_{kh} \mid k \in t_i, h \in t_j\}$$

选择两个距离最近的子圈 t_I 和 t_J 合并，其中

$$[I, J] = \mathrm{argmin}\{d_{ij}\}$$

合并的规则为在两个圈上分别选择两条边 (i, j) 和 (k, h)，使下式最小：

$$c_{ik} + c_{jh} - c_{ij} - c_{kh}$$

执行合并操作，令

$$T(j) = I, j \in t_J$$
$$N = N - 1$$

步骤 3：如果 $N=1$，则算法结束，否则转步骤 2。

9.4　TSP 的改进启发式算法

TSP 路径构造的贪婪启发式算法是从无到有构造一条优化的 TSP 路径，而 TSP 的改进启发式算法是针对一条可行的 TSP 路径进行优化，其操作主要有 2 - opt 和 3 - opt。

9.4.1 2-opt 操作

所谓的 2-opt，就是将 TSP 路径上的 $(P(i), P(i+1))$ 和 $(P(j), P(j+1))$ 两条边去掉，并增加 $(P(i), P(j))$ 和 $(P(i+1), P(j+1))$ 两条边的操作，且

$$P(i+1:j) = P(j:i+1)$$

2-opt 操作能够使解得到改进的前提是

$$c_{i,k} + c_{j,h} - c_{ij} - c_{kh} < 0$$

也即操作之后路径的总长度会变短。如果从平面 TSP 问题上直观地观察 2-opt 操作，相当于去掉了 TSP 路径上的一个交叉，因此有时也将 2-opt 操作称为交叉消除操作。

例 9-3 在如图 9-3 所示的 TSP 路径上，查看有没有两条边能满足交叉消除操作的条件。

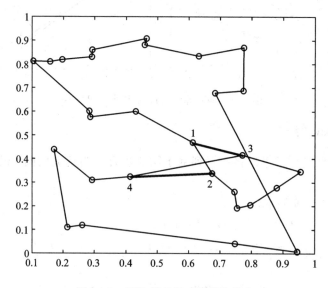

图 9-3 TSP 路径的交叉消除操作

如图 9-3 所示，当前 TSP 路径上有 $(1, 2)$ 和 $(3, 4)$ 两条边在平面上是有交叉的，于是根据三角不等式可得

$$c_{1,2} + c_{3,4} > c_{1,3} + c_{2,4}$$

因此，在 TSP 路径上去掉 $(1, 2)$ 和 $(3, 4)$ 两条边，并增加 $(1, 3)$ 和 $(2, 4)$ 两条边，TSP 路径的总长度缩短，解得到改进。

例 9-4 在 Matlab 上实现 2-opt 函数，并随机生成城市节点进行验证。

使用 Matlab 编写 2-opt 函数的代码如下：

```
function TSP = OPT2(C, P)
N=length(C);
NonCross = 1;
while NonCross
    NonCross = 0;
    for i=1: N
        for j=i+1: N
```

```
        if C(P(i), P(i+1))+C(P(j), P(j+1)) > C(P(i), P(j))+C(P(i+1), P(j+1))
            P((i+1): j) = P(j: -1: (i+1));
            NonCross = 1;
        end
    end
end
TSP = P
end
```

在平面上随机生成 30 个点, 使用最近邻算法构造 TSP 优化解, 2 - opt 可以实现进一步的改进, 检查并消除所有的平面交叉。

```
N=30;
X=rand(1, N);
Y=rand(1, N);
for i=1: N
    for j=1: N
        dx = X(i)-X(j);
        dy = Y(i)-Y(j);
        C(i, j) = sqrt(dx * dx+dy * dy);
    end
end
P = NearestNeighbor(C)
TSP = OPT2(C, P);
plot(X, Y, "o")
hold on; line(X(P), Y(P));
figure()
plot(X, Y, "o")
hold on;
line(X(TSP), Y(TSP));
```

进行实验, 结果如图 9 - 4 所示, 可以发现在平面上已经没有交叉了。

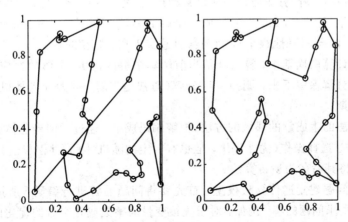

图 9 - 4　2 - opt 操作通过消除平面交叉改进 TSP 路径

9.4.2 k-opt 操作

所谓 k-opt 操作，就是在 TSP 路径上去掉 k 条边，并使用另外的 k 条总长度更小的边将其代替并重新连接成一条可行 TSP 路径的操作。

如果一条 TSP 路径无法通过 k-opt 操作改进，则称其为 k-optimal 的。如果一条 TSP 路径是 k-optimal 的，则对于比 k 小的自然数 k'，这条路径一定也是 k'-optimal 的。如果一条 TSP 路径是 n-optimal 的，则这条 TSP 路径是最优的。

虽然能够验证 k-optimal 中的 k 越大，解越接近最优，但是随着 k 的增大，k-optimal 的验证难度呈指数级增加，因此一般情况下只利用 $k=2,3$ 来改进。

9.5 TSP 的遗传算法

9.5.1 基本原理与步骤

TSP 路径构造的贪婪启发式算法通过贪婪规则从无到有构造一个优化解，TSP 的改进启发式算法对一个已有的解进行改进，而 TSP 的遗传算法中上述两个算法的工作都要做，因此，也称之为元启发式算法。遗传算法计算的过程框架如图 9-5 所示。

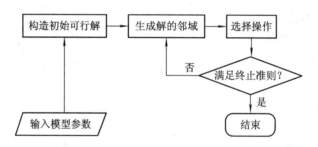

图 9-5　遗传算法(元启发式算法)计算的过程框架

如图 9-5 所示，遗传算法通常是从以某种规则(为了保证全局性，通常是随机产生)产生的一个可行解集(种群)开始，然后生成一个解的邻域(下一代)，解 x 的邻域 $N(x)$ 是可行解集合 F 的一个子集(一般很小)，含有某种意义上离 x "近"的解。

在每个迭代计算的周期中，算法评估当前解集中解的优劣(个体的适应度)，从当前的解集中选择一部分解保留下来，删掉一部分解(通常是劣解，或者加入随机规则)，然后进入下一个计算周期。

因为遗传算法的生成解的邻域的方法(把解编码成串，通过类似染色体交叉、变异等过程，生成新的解)、选择操作(优胜劣汰，但也有一定的随机性)等过程与生物基因遗传进化过程类似，所以将其命名为遗传算法。

将一个决策问题建立遗传算法模型，首先要将问题的解进行编码。所谓编码，就是使用一个序列代表所求问题的解。例如，对于决策变量为整数或者实数的优化问题，可以将其解编码为二进制串，这样做的优点是通用性强并且交叉变异等操作之后比较容易生成可行解。

然而对于许多优化问题，将问题的解编码为二进制串虽然比较方便，但是很难生成可行解，例如旅行商问题、覆盖路径规划问题等，两个可行解编码为二进制串后，如果进行交叉、变异操作，则很难生成可行解。在这种情况下，就要根据问题本身的特点，灵活采用编码形式。例如，在旅行商问题中，采用城市编号串的形式编码就比较方便；而在覆盖路径规划问题中，采用二元组串的形式编码更加便于计算。

遗传算法的基本步骤如下：

步骤 1：将问题的解编码为染色体，并生成初始染色体群，每个染色体代表一个解。

步骤 2：进行交叉、变异、选择等操作，计算每个染色体的适应度函数值，更新染色体群。

步骤 3：直到满足算法停止条件的时候，停止计算，最优的染色体代表的解即为所得的优化解，否则转步骤 2。

9.5.2　算法设计要点

1. 解的编码

在旅行商问题中，对问题解的编码应该采用城市编号序列的方法，这样更加有利于交叉、变异等操作生成可行解，否则一个交叉之后，生成可行解的概率很低。

2. 生成初始种群

所谓生成初始种群，就是生成一定数量的可行解，一般随机生成，而不太采用构造启发式算法。作为全局性算法，随机生成初始种群的方式有可能会避免过早陷入局部最优解。

因为旅行商问题的解是所有城市的一个排列，所以生成初始种群就是要随机地生成一些城市排列。令生成的种群数量为 PopulationSize。以下代码的功能是生成数量为 PopulationSize 的可行解，并将其存储在 Matlab 的 cell 数据结构中。

```
Population = cell(PopulationSize，1)；
for i = 1：PopulationSize
    Population {i} = randperm(n)；
end
```

3. 交叉操作

一般的交叉操作是选择两个染色体作为父母，从随机的位置截断后，重新组合到一起。但是对于旅行商问题的两个染色体来讲，如果采用一般的交叉操作，多数情况下会得到一个不可行的解，例如：

1	2	3	4	5	6	7	⋯	139
2	1	3	4	5	6	7	⋯	139

作为父母染色体，从第一个基因与第二个基因之间截断并进行交叉后得到的子代染色体为

2	2	3	4	5	6	7	⋯	139
1	1	3	4	5	6	7	⋯	139

这里采用单亲繁殖的方法进行交叉操作，也就是对某个染色体：

| 1 | 2 | 3 | 4 | 5 | 6 | 7 | ... | 139 |

随机地选择两个位置,进行交叉操作后得到

| 1 | 5 | 4 | 3 | 2 | 6 | 7 | ... | 139 |

这个操作一般也称为 2-opt 操作。对某个染色体执行单亲繁殖交叉操作的具体代码如下:

```
parent= Population {i}
p1 = ceil((length(parent) −1) * rand);
p2 = p1 + ceil((length(parent) − p1− 1) * rand);
child = parent;
child(p1:p2) = child(p2:: −1:p2);
```

4. 变异操作

一般的变异操作无法直接生成可行解,因此,这里的变异操作采用随机地交换两个基因位置的方法达到变异的目的。

```
parent= Population {i}
p = ceil(length(parent) * rand(1, 2));
child = parent;
x = parent(p(1))
child(p(1)) = parent(p(2));
child(p(2)) = x;
```

虽然在这样的一个设计中,交叉操作使用了 2-opt,得到的仅仅是 2-optimal 的 TSP 路径,但是遗传算法生成初始解的随机性还是可以增加全局搜索的能力。

习 题 9

1.(基本题)已知 10 个城市之间的距离如表 9-2 所示,求其旅行商路径。

表 9-2 10 个城市之间的距离数据

	城市 1	城市 2	城市 3	城市 4	城市 5	城市 6	城市 7	城市 8	城市 9	城市 10
城市 1	0	52	39	55	32	39	45	24	33	27
城市 2	52	0	58	52	79	88	24	70	27	38
城市 3	39	58	0	23	38	50	66	32	32	58
城市 4	55	52	23	0	60	72	69	54	33	67
城市 5	32	79	38	60	0	12	76	10	55	58
城市 6	39	88	50	72	12	0	83	20	65	64
城市 7	45	24	66	69	76	83	0	67	37	21
城市 8	24	70	32	54	10	20	67	0	45	50
城市 9	33	27	32	33	55	65	37	45	0	35
城市 10	27	38	58	67	58	64	21	50	35	0

2.（提高题）一天，勘探队去一个神秘的地方寻找宝藏。勘探队想要探索这个地区，并带走所能得到的一切珍宝。这个区域可以划分为 13×13 的网格。每个网格上都有一个数字，这意味着探索它的成本，−1 代表无法探索的区域，深色格子代表有宝藏的区域，勘探队可以从矩形外的任何地方开始，然后一个接一个地探索。勘探队将在矩形中移动，取走所有能拿走的宝物。当然，他们可以在任何边界结束，然后离开矩形。探索区域如图 9−6 所示，请计算出勘探队找到所有宝藏的最小成本。

7	11	8	8	4	11	8	5	9	7	2	7	8
6	3	5	4	9	2	4	2	10	4	7	2	4
11	9	9	4	3	11	6	5	7	9	−1	6	8
10	8	6	9	10	3	−1	9	2	7	11	8	2
6	10	6	8	3	8	4	9	11	8	11	7	6
10	5	8	7	7	7	4	7	10	5	4	5	8
3	9	−1	8	5	8	5	8	4	3	10	11	11
5	10	5	2	10	5	3	10	7	6	10	10	10
11	5	10	5	7	8	5	2	11	5	7	10	6
11	7	9	6	6	10	3	5	9	9	10	5	9
9	11	11	4	10	2	10	2	10	9	11	7	6
8	7	2	9	5	2	2	3	6	8	7	10	11
5	5	5	10	6	11	11	9	6	3	9	11	11

图 9−6　探索区域

参 考 文 献

[1] WILLIAMS E C. The Origin of the Term "Operational Research" and the Early Development of Military Work. Operations Research, 1968 (19): 111 - 113.

[2] FORTUN M, SCHWEBER S S. Scientists and the Legacy of World War II: The Case of Operations Research. Social Studies of Science, 1993 (23): 595 - 642.

[3] THOMAS W. The Heuristics of War: Scientific Method and the Founders of Operations Research. British Journal for the History of Science, 2007 (40): 251 - 274.

[4] HAROLD L. The Origin of Operational Research. Operations Research, 1984 (32): 465 - 475.

[5] JOSEPH F M. The Beginnings of Operations Research, 1934 - 1941. Operations Research, 1987 (35): 143 - 152.

[6] KIRBY M W, CAPEY R. The Air Defence of Great Britain, 1920 - 1940: An Operational Research Perspective. Journal of the Operational Research Society, 1997 (48): 555 - 568.

[7] 塔哈. 运筹学基础. 北京:中国人民大学出版社,2018.

[8] 胡运权. 运筹学教程. 5 版. 北京:清华大学出版社,2018.

[9] 卢奇,科佩克. 人工智能. 2 版. 北京:人民邮电出版社,2018.

[10] 杨建军. 武器装备发展系统理论与方法. 北京:国防工业出版社,2008.

[11] 张凤鸣. 武器装备数据挖掘技术. 北京:国防工业出版社,2017.

[12] 刘兴堂. 现代系统建模与仿真技术. 西安:西北工业大学出版社,2011.

[13] 申卯兴,曹泽阳,周林. 现代军事运筹. 北京:国防工业出版社,2014.

[14] RAVI R A. Operations Research Application. Boca Raton: CRC Press, 2008.

[15] AHUJA R K, MAGNANTI T L, ORLIN J B. Network Flows: Theory, Algorithms and Applications. New Jersey: Prentice Hall, 1993.

[16] 希利尔 F S,利伯曼 G J. 运筹学导论. 10 版. 北京:清华大学出版社,2015.

[17] CARTER M W, PRICE C C. Operations Research: A Practical Introduction. Boca Raton: CRC Press, 2018.

[18] JEFFREY A J, STEPHEN D R. Simulation Modeling with Simio: A Work Book. Charleston: Createspace, 2015.

[19] BELLMAN R E. Eye of the Hurricane: An Autobiography. Singapore: World Scientific Publishing Company, 1984.